Manfred Gihl

Rüstwagen und Gerätewagen deutscher Feuerwehren

Dieses Bild und das Bild auf dem Rücktitel zeigt den Rüstwagen der FF Plettenberg auf dem Fahrgestell Mercedes-Benz Atego 1329 AF mit Rosenbauer-Aufbau, Baujahr 2009

Verlag Podszun-Motorbücher GmbH
Elisabethstraße 23-25, D-59929 Brilon
Herstellung Druckhaus Cramer, Greven
Internet: www.podszun-verlag.de
Email: info@podszun-verlag.de
ISBN 978-3-86133-533-7

Manfred Gihl

Rüstwagen und Gerätewagen deutscher Feuerwehren

PODSZUN

Inhalt

Die Anfänge der technischen Hilfeleistungen	6
In der Nachkriegszeit: Rüstkranwagen für technische Hilfeleistungen	17
Die Normung der Rüstwagen	21
Die genormten Rüstwagen	26
Sonstige Rüstwagen	62
Die Aufbauhersteller und ihre Aufbauten	74
Die Normung der Gerätewagen	78
Weit verbreitet und vielseitig: Die Gerätewagen	82
Die Gerätekraftwagen und Rüstwagen im Katastrophenschutz des Bundes	128
Schnelle technische Hilfe: Vorausrüstwagen und Vorausgerätewagen	134

Vorwort

Bis etwa zur Jahrhundertwende waren die deutschen Feuerwehren überwiegend reine „Feuer"-Wehren, das heißt ihr hauptsächliches Tätigkeitsfeld war die Bekämpfung von Schadenfeuern. Allerdings wurden sie immer schon zu unterschiedlichen Hilfeleistungen, wie beispielsweise zu Verkehrsunfällen, Eisenbahnunglücken, Wassernotfällen, Hauseinstürzen, Gasexplosionen und Überschwemmungen und zur Beseitigung von Sturm- und Wasserschäden gerufen. Welche andere Organisation wäre sonst auch personell und materiell in der Lage gewesen, in Minutenschnelle und rund um die Uhr sachkundige Hilfe zu bringen?!

Heute ist die technische Hilfeleistung als Pflichtaufgabe der Feuerwehren in den einzelnen Feuerwehrgesetzen der Bundesländer festgeschrieben, meist unter dem Stichwort „öffentliche Notstände". Als Beispiele werden Naturereignisse, Explosionen, Einstürze und Überschwemmungen aufgeführt. Der Anteil der Technische Hilfeleistungen aller Art an der Gesamtzahl der Einsätze der deutschen Feuerwehren beträgt heute 60 bis 80 Prozent (ohne Rettungsdienst).

In der bekannten Literatur über deutsche Feuerwehrfahrzeuge fehlte bisher eine geschlossene und umfassende Darstellung der Entwicklung der Rüstwagen und der Gerätewagen mit ihren vielfältigen Bauarten. Es gibt lediglich einige Einzeldarstellungen. Diese Lücke versucht das vorliegende Werk zu schließen. Dabei kann es nicht ausbleiben, dass der eine oder andere Leser feststellt, dass er bestimmte Fotos bereits kennt, zum Beispiel aus den im selben Verlag erscheinenden Jahrbüchern „Feuerwehrfahrzeuge". Es kam dem Autor vielmehr darauf an, ein möglichst breites Spektrum der Rüstwagen und Gerätewagen zu zeigen, und zwar von den Anfängen dieser Sonderfahrzeuge für technische Hilfeleistungen, also von den 1920er Jahren bis heute.

Es gab zunächst nur wenige Sonderfahrzeuge, die Geräte und Einrichtungen zur Durchführung von technischen Hilfeleistungen mitführten. Sie liefen bis nach Ende des Zweiten Weltkrieg unter verschiedenen Namen wie Pionierwagen, Rettungswagen, Gerätewagen und Rüstkraftwagen. Nach 1945 wurde die Bezeichnung „Rüstwagen" in den Normen festgelegt.

Seit nunmehr 48 Jahren sind die technischen Anforderungen und die feuerwehrtechnische Beladung der Rüstwagen vom FNFW (Fachnormenausschuss Feuerlöschwesen, seit 1976: Normenausschuss Feuerwehrwesen) genormt. Waren anfangs drei Typen von Rüstwagen genormt, so gibt es seit 2002 nur noch einen genormten Typ. Die Vorausrüstwagen sind, obwohl sie namentlich in den 1970er Jahren in großer Anzahl vorhanden waren, niemals genormt worden. Die Gerätewagen wurden erstmals 1975 vom FNFW genormt. Die Zahl der genormten Typen von Gerätewagen stieg bis 2005 auf fünf. Große Fortschritte sind bei den Einbauten und der Gerätelagerung der Rüstwagen zu verzeichnen. Zur Veranschaulichung werden hier auch einige Rüstwagen mit geöffneten Geräteräumen gezeigt.

Nicht nur die kommunalen Feuerwehren besitzen Rüstwagen und Gerätewagen, sondern auch die Werkfeuerwehren, Einheiten des Katastrophenschutzes und neuerdings auch die Bundeswehr.

Die Fahrzeugaufnahmen werden durch einige Einsatzfotos ergänzt, die dem Leser einen Eindruck von den vielfältigen technischen Hilfeleistungen der Feuerwehren vermitteln sollen. Zahlreiche SW-Fotos zeigen Straßenverkehrsunfälle, wie sie leider trauriger Alltag in einer Großstadt sind.

Manfred Gihl
Hamburg, im Juni 2009

Die Anfänge der technischen Hilfeleistungen

Neben ihrer originären Aufgabe der Brandbekämpfung hatten die Feuerwehren bis zur Jahrhundertwende noch verhältnismäßig wenig mit technischen Hilfeleistungen zu tun. Derartige Einsätze liefen meist unter dem Stichwort „Technische Nothilfe“. Die Risiken in Industrie- und Gewerbebetrieben und das Verkehrsaufkommen auf Schiene und Straße waren noch gering. Spezielle Einsatzfahrzeuge waren daher nur vereinzelt anzutreffen.

Sehr früh hat sich beispielsweise die BF München durch die Anschaffung von speziellen Fahrzeugen auf technische Nothilfe-Einsätze vorbereitet. Den Anfang machte 1907 ein elektromobiler „Rettungswagen“. Er war von der Daimler Motoren Gesellschaft (DMG) geliefert und besaß in den Vorderrädern Radnabenmotoren nach dem System Lohner-Porsche und ersetzte einen bespannten Rettungswagen aus dem Jahre 1904. Der neue „Rettungswagen“ führte eine für damalige Zeiten recht umfangreiche Ausrüstung mit und hatte acht Sitzplätze. Ihn löste 1913 ein benzinautomobiler Pionierwagen mit ebenfalls acht Sitzplätzen ab. Er war auf einem Fahrgestell der Schweizer Lkw-Fabrik Saurer aufgebaut, die damals eine Fertigungsstätte

Typischer Verkehrsunfall auf einer Landstraße nahe Hamburg um 1940: die Feuerwehr richtet einen umgestürzten Lkw-Anhänger mit vereinter (Muskel)kraft wieder auf. Anschließend wurde auch das auf der Seite liegende Zugfahrzeug auf die Räder gestellt – ohne Seilwinde oder Spill! *(01)*

in Lindau betrieb. Um 1911 schaffte die Kölner Feuerwehr einen Gerätewagen mit batterie-elektrischem Antrieb der Kölner Firma Heinrich Scheele an.

In der „vorautomobilen Zeit", als Pferdefuhrwerke noch das Straßenbild bestimmten, also von etwa 1890 bis 1910, handelte es sich bei den Hilfeleistungen, zu denen die Feuerwehren alarmiert wurden, vielfach um Einsätze zur „Befreiung von Tieren aus Notlagen". Beispielsweise verzeichnete die BF Hamburg im Jahr 1898 zwar nur 131 Hilfeleistungen, davon waren immerhin 66 der Einsatzart „Tier in Notlage" zuzuordnen. Im Jahr 1914 war die Zahl der Hilfeleistungen schon auf 1125 Fälle angestiegen, davon betrafen 445 Fälle, also 40 Prozent, „Tier in Notlage". Dabei handelte es sich zumeist um gestürzte Pferde. Die Münchner Feuerwehr rückte allein im Jahr 1906 nicht weniger als 175 Mal auf das Stichwort „Pferd umgestürzt" aus.

Fast jede Feuerwehr verfügte damals über das bewährte dreibeinige Pferdehebegeschirr, mit dessen Hilfe es gelang, den bedauernswerten Gäulen wieder auf die Beine zu helfen. Als sich im Laufe des Ersten Weltkriegs die allgemeine Ernährungslage dramatisch verschlechterte, brachen unterernährte Pferde oft vor Erschöpfung auf der Straße zusammen.

Sicherlich betrafen die meisten Alarmierungen „nur" Hilfeleistungen kleineren Umfangs. Aber es gab dennoch genügend Großeinsätze im Deutschen Reich, welche die Leistungsfähigkeit der Feuerwehren, personell und materiell, in besonders hohem Maße beanspruchten. Einige Beispiele:

- 26. September 1908:
in Berlin stoßen zwei Hochbahnzüge zusammen. 21 Tote.
- 22. August 1916:
in Berlin stürzt ein Wohnhaus infolge Gasexplosion zusammen. 7 Tote und 9 Schwerverletzte.
- 24. Mai 1926:
im Münchner Ostbahnhof fährt ein Personenzug auf einen anderen auf. Viele Tote und Verletzte.
- 10. Februar 1933:
in Neunkirchen/Saar explodiert ein 125 000-m^3-Gastank. 70 Tote, zahlreiche Verletzte.
- 5. Januar 1935:
in Hamburg durchbricht in dichtem Nebel ein Flugzeug in 85 Meter Höhe

Hamburg 1932: Eine entgleiste Straßenbahn wird von der Feuerwehr teils mit Muskelkraft, teils mithilfe einer Winde, wieder in die Gleise gedrückt (Übung) *(01)*

Der erste Münchner motorisierte Pionierwagen wurde 1907 in Dienst genommen; er lief unter dem Namen „Rettungswagen". Es war ein Elektromobil der Daimler Motoren Gesellschaft (DMG) mit Lohner-Porsche-Radnabenmotoren in den Vorderrädern *(02)*

Der Gerätewagen der BF Köln besaß batterie-elektrischen Antrieb der Kölner Firma Heinrich Scheele, gebaut etwa 1911. Leider fehlt hier noch die Beladung *(03)*

Einer von zwei Pionierwagen der Feuerwehr Dresden, gebaut 1928 von Magirus auf eigenem Fahrgestell, Typ MM 4, mit einem Radstand von 5,25 Metern. Der Sechszylinder-Ottomotor von Maybach leistete 100 PS. Der Geräteaufbau besaß auf jeder Seite vier doppelflügelige Drehtüren (04)

Der Dresdner Pionierwagen ist auch in einem Magirus-Katalog abgebildet

die Außenwand eines Gasbehälters und bleibt darin mit dem Rumpf stecken.

- 10. Januar 1936:
eine Windhose richtet in Düsseldorf und Neuß schwere Schäden an.
- 15. März 1936:
in Köln stürzt ein schweres Maschinenteil auf einen Arbeiter in einem 14 Meter tiefen Brunnen.

Und immer wieder ereigneten sich schwere Eisenbahnunglücke mit einer Vielzahl von Toten und Verletzten. Allein von 1901 bis 1923 zählte man 23 schwere Zugzusammenstöße oder -entgleisungen. Diese Einsätze erforderten Bergungsgerät, das in diesem Umfang nicht auf den Motorspritzen vorhanden war. Doch es gab vorerst nur wenige Sonderfahrzeuge.

Der zunehmende Straßenverkehr in den 1920er und 1930er Jahren brachte ein stetiges Ansteigen von Hilfeleistungen mit sich. Es ereigneten sich leichte und auch folgenschwere Zusammenstöße von Lkw, Pkw und Straßenbahnen untereinander oder mit einem anderen Verkehrsmittel. Hier wiederum ein Blick auf die Hamburger Einsatzstatistik: 1925 verzeichnete sie 1065 Hilfeleistungen, darunter 132 Fälle (12 Prozent) „Beseitigung von Verkehrsstörungen". In anderen deutschen Großstädten dürfte das Bild ein ähnliches gewesen sein. Jetzt entstand ein bisher nicht vorhandener Bedarf an speziellen Einsatzfahrzeugen, die sich allerdings nur einige Großstadtfeuerwehren leisten konnten. Preisgünstige Lösungen waren daher angesagt.

1928 schrieb der Magdeburger Oberbrandingenieur Hans Weinreich in der Feuerwehrzeitschrift „Feuer und Wasser": „Das Bestreben der Berufsfeuerwehren, außer für ihre ursprüngliche Tätigkeit bei Feuersnot auch für die Hilfeleistung bei Notlagen anderer Art gerüstet zu sein und ihre technische Leistungsfähigkeit voll auszunutzen, hat Veranlassung gegeben, den Gerätepark auch um solche Hilfsmittel zu verstärken, welche zwar nicht für die unmittelbare Brandbekämpfung benötigt werden, deren Vorhandensein und schnelles Nachführen in genügender Menge auch auf Brandstellen für die Erhaltung von Werten doch von größter Bedeutung sein kann. Zu diesen Geräten gehören in erster Linie Einrichtungen zum Absteifen, Unterstützen, Heben, Festlegen, Einschalen und Abdämmen sowie die für derartige Arbeiten erforderlichen Handwerkzeuge."

Wenn auch Weinreich, ab 1934 Branddirektor der BF Magdeburg, zunächst hauptsächlich an eingestürzte oder einsturzgefährdete Gebäude gedacht hatte, so galt seine Überlegung doch allgemein, also auch für Verkehrs-

Pionierwagen der Feuerwehr Stuttgart, gebaut 1928 von Metz auf Mercedes-Benz-Fahrgestell Typ N 45 mit einem Radstand 3,50 Meter. Der Sechszylinder-Ottomotor leistete 55 PS. Unter der ausgebreiteten Beladung sind zwei Pulmotoren zu sehen. Auf dem Dach sind Entlüftungsrohre gelagert (05)

Der Pionierwagen der Feuerwehr Chemnitz von Metz auf Daimler-Benz-Fahrgestell L 5000,
Radstand 5,10 Meter, mit Kranausleger von Ardelt, etwa 1932. Der Sechszylinder-Dieselmotor leistete 110 PS.
Hier wird der Einsatz des Heckkrans demonstriert (06)

Die Feuerwehr Dortmund setzte 1933 diesen Rüstanhänger mit Kraneinrichtung von Ardelt ein (06)

unfälle. Weinreich schlug eine kostensparende Einrichtung vor, nämlich „Anhänge-Rüstwagen".

Brandingenieur Dipl.-Ing. Walter Holsten von der BF Dortmund begründete 1933 in der Zeitschrift „Feuerschutz" die Anschaffung von Anhängefahrzeugen mit der Zunahme der Verkehrsunfälle, mit der Folge, dass verunfallte Kraftwagen zu heben und abzuschleppen waren. „Wie in fast allen Großstädten, so wird auch hier in Dortmund die Beseitigung von Verkehrshindernissen als eine für das öffentliche Interesse notwendige Verrichtung angesehen, die durch die Berufsfeuerwehr kostenlos auszuführen ist."

Holsten hatte für die BF Dortmund im Zeitraum von 1926 bis 1928 eine hundertprozentige Zunahme der Abschlepp- beziehungsweise Hebeeinsätze festgestellt. Die Beseitigung von Verkehrshindernissen war sogar um über 300 Prozent gestiegen. Das Anhängefahrzeug der BF Dortmund verfügte sogar über eine Kraneinrichtung mit 6 Tonnen Hubkraft (wie übrigens auch die Berliner Feuerwehr). Als Zugfahrzeug diente ein Rüstwagen auf Krupp-Fahrgestell.

Die ersten Sonderfahrzeuge liefen meist unter der Bezeichnung „Pionierwagen" (wohl in Anlehnung an den militärischen Sprachgebrauch), Rettungswagen, Gerätewagen oder Richtwagen. Sie waren reine „Geräte-

Rüstkraftwagen der Feuerwehr Düsseldorf, gebaut 1936 von Metz auf Mercedes-Benz-Fahrgestell LS 3750. Der Sechszylinder-Dieselmotor leistete 100 PS. Über der Stoßstange rechts ist der „Kugelwecker" erkennbar, ein damals übliches akustisches Warngerät. Ein Kennscheinwerfer als optisches Warngerät ist hingegen nicht vorhanden (05)

Pionierwagen der Berufsfeuerwehr München, gebaut 1936 von Magirus auf eigenem Fahrgestell, Typ M 45. Er führte einen Einachs-Anhänger mit. Der Sechszylinder-Dieselmotor leistete 110 PS *(04)*

transportfahrzeuge", da Einbauaggregate wie Seilwinden und elektrische Generatoren fehlten. Spätestens in den 1930er Jahren setzte sich die Bezeichnung Rüstkraftwagen oder „Rüstwagen", wie die heutige Normbezeichnung seit 1974 lautet, durch. Sie verfügten nun über Einbaugenerator, Spill und Kranausleger am Heck.

Feuerwehrfahrzeuge, vor allem die Motorspritzen, besaßen bis Ende der 1920er Jahre weder geschlossene Geräteräume noch geschlossene Mannschaftskabinen. Die Feuerwehrleute waren allen Witterungseinwirkungen schutzlos ausgesetzt. Erst nach dem äußerst strengen Winter 1928/1929, in dem bis dato unbekannte Tiefsttemperaturen (zum Beispiel Hamburg minus 21 Grad, München minus 31 Grad, Königsberg minus 34 Grad) gemessen wurden, setzte ein Umdenken bei den Chefs der Feuerwehren ein. Die Argumente „Abhärtung" oder „Verweichlichung" waren gegenstandslos geworden. Die gesamten Aufbauten neu beschaffter Motorspritzen waren ab jetzt geschlossen. Von dem technischen Fortschritt profitierten auch die neuen Pionier- und Rüstwagen. Die Mannschaften waren nun besser geschützt untergebracht, wenngleich in ungeheizten, beengten Kabinen mit Holzbänken.

Die BF Braunschweig beschaffte 1934 für 25 000 Mark einen „Rettungswagen", dessen Lkw-Fahrgestell die ortsansässige Firma Büssing (auch die Motorspritzen und Drehleitern waren auf Büssing-Fahrgestellen aufgebaut) beigestellt hatte. Der geschlossene Auf-

Der Rüstkraftwagen der BF Nürnberg 1938 im Einsatz: Hebung eines Pferdes mithilfe des Heckkranes *(07)*

bau war gemeinschaftlich von Büssing und der Feuerwehr entworfen und hergestellt worden. Die Braunschweigische Landeszeitung berichtete in ihrer Ausgabe Nr. 1 von 1935 unter der reißerischen Überschrift „110 Zentner donnern durch die Stadt“ enthusiastisch: „Da staunt seit einigen Tagen der harmlose Fußgänger über ein eigenartiges Gefährt, das sich durch Braunschweigs Straßen schlängelt. An sich ist es ein ganz gewöhnliches Auto, nur die Ausmaße dieses Wagens lassen darauf schließen, daß mit diesem Kraftfahrzeug ein besonderer Zweck verbunden sein muß ... Es ist ein sogenannter Rettungswagen, wie er in anderer Form schon bei vielen Feuerwehren deutscher Großstädte läuft ... Von außen sieht man diesem Fahrzeug seine ungeheure Wichtigkeit nicht an, aber wer einmal einen Blick in die zahlreichen Fächer dieses Wagens geworfen hat, der wird feststellen müssen, daß der Rettungswagen es in sich hat.“

Mit Stolz und in sehr ausführlicher Form berichtet auch Baurat Dr.-Ing. Kuchtner in der Fachzeitschrift Feuerschutz vom Januar 1937 von der Anschaffung des neuen Rüstwagens der Feuerlöschpolizei Düsseldorf. Grundidee sei gewesen, „alle Geräte und Einrichtungen einschließlich Kran auf einem Fahrzeug“ unterzubringen. „Von der Idee eines eigenen Kranwagens wurde Abstand genommen, da ein solches Fahrzeug zu teuer zu stehen käme.“ So wurde der Düsseldorfer Rüstwagen auf einem Mercedes-Benz-Fahrgestell LD 3750 aufgebaut und mit einem Heckkran versehen, der im Fahrzustand auf dem Dach abgelegt wurde.

Rüstkraftwagen der Feuerlöschpolizei Lübeck, gebaut 1938 von Metz auf Mercedes-Benz-Fahrgestell LD 3750. Der Sechszylinder-Dieselmotor leistete 100 PS. Auch hier ist vorn rechts ein Kugelwecker als akustisches Warngerät montiert. Der Arbeitsstellenscheinwerfer besitzt eine rote (oder blaue?) Kalotte als optische Warneinrichtung *(05)*

Ein neuer Pionierwagen wurde von der Feuerschutzpolizei Stuttgart 1938 beschafft. Auch diesen baute Metz auf einem Fahrgestell von Mercedes-Benz auf, und zwar auf dem Typ LO 3750. Der Sechszylinder-Dieselmotor leistete 100 PS. Der Pionierwagen wurde erst Anfang der 1960er Jahre ausgemustert *(05)*

Rüstwagen der Feuerschutzpolizei Regensburg von Magirus auf eigenem Fahrgestell, Typ FS 145, Baujahr 1940 *(04)*

Rüstkraftwagen der Feuerschutzpolizei Halle an der Saale, gebaut 1941 von Metz auf Mercedes-Benz-Fahrgestell LD 3750 mit einem Radstand von 4,60 Metern. Der Sechszylinder-Dieselmotor leistete 100 PS. Vorne rechts ist der Kugelwecker, vorne links ein Tarnscheinwerfer montiert (05)

Der Wuppertaler Branddirektor Linn begründete die Anschaffung eines Rüstwagens in der Oktober-Ausgabe von 1938 der Fachzeitschrift „Feuerschutz" so: „Der steigende Verkehr und die damit auftretende Erhöhung der Unfälle machen heute zur Beseitigung der bei derartigen Unfällen auftretenden Verkehrshindernisse oder zu sonstiger Hilfeleistung geeignete Geräte, insbesondere für die Feuerlöschpolizei der größeren Städte unentbehrlich. Als ein solches Gerät hat sich in den letzten Jahren der sogenannte Rüstwagen sehr bewährt." Ein neuzeitlicher Rüstwagen müsse unabdingbar über eine Krananlage zur Hebung kleinerer Lasten und zum Abschleppen verunfallter Fahrzeuge verfügen. Beschafft wurde ein

Rüstkraftwagen von Magirus auf Magirus-Fahrgestell M 50.

Die Hilfeleistungen der Feuerwehren bestanden selbstverständlich nicht allein aus Einsätzen, die durch Verkehrsunfälle verursacht waren, sondern waren weitaus umfassender: Rettung von verschütteten, eingeklemmten oder sonst wie in Notlage geratenen Menschen und Tieren, Hauseinstürze, Gasexplosionen, Überschwemmungen, Eisenbahnunfälle und vieles andere mehr. In den Großstädten kam meist das Eingleisen von aus den Schienen gesprungenen Straßenbahnwagen hinzu.

Die Pionierwagen beziehungsweise Rüstwagen und Rüstkraftwagen führten eine sehr umfangreiche Geräte- und Werkzeugausrüstung mit. Manche Pionierwagen besaßen ungewöhnlich lange Aufbauten, sodass Fahrzeuggesamtlängen von 10 Metern und mehr erreicht wurden. Solch große Aufbaulängen bedingten einen entsprechend großen Radstand. So wiesen beispielsweise die beiden 1928 bei Magirus gekauften Pionierwagen der BF Dresden einen Radstand von 5,25 Metern und der ebenfalls von Magirus gebaute Gerätewagen der BF Hannover aus dem Jahre 1932 einen Radstand von 5,30 Metern auf! Mit diesen extrem langen Radständen war natürlich ein Einsatz abseits der Straße kaum möglich, zumal Allradantrieb fehlte.

Den Feuerwehren, die sich aufgrund ihres Einsatzaufkommens zwangsläufig zur Anschaffung eines Sonderfahrzeugs für technische Hilfeleistungen gezwungen sahen, ging es dabei nicht nur um ein Transportmittel für die umfangreiche Geräteausstattung, sondern vor allem auch um eine Hebemöglichkeit für kleine Lasten, zum Beispiel zum Anheben verunfallter Pkw und Lkw. Daher boten die Feuerwehrgerätefabriken Metz und Magirus in den 1930er Jahren Pionierwagen mit beiklappbarem Kranausleger an der Fahrzeugrückseite an.

Metz entwickelte einen Rüstkraftwagen (RKW) mit diesen technischen Merkmalen: im Dach gelagerter, zum Heck ausklappbaren Kranausleger, Hubkraft maximal 4500 kg, Zugvorrichtung (sogenannter DEMAG-Zug) mit 4500 kg Zugkraft und Drehstrom-Generator zum Betreiben der Krananlage. Den ersten RKW beschaffte 1936 die BF Düsseldorf. Weitere Lieferungen erfolgten 1938 an die BF Lübeck, Königsberg (sogar zwei RKW!) und Stuttgart und 1939 an die BF Hamburg. Verwendet wurde das Daimler-Benz-Fahrgestell LD 3750. Ein solcher RKW kostete damals einschließlich Beladung rund 32000 Reichsmark. Ähnliche RKW verkaufte Metz in den 1930er und 1940er Jahren auch an die Feuerwehren beziehungsweise Feuerschutzpolizeien Bochum, Dessau, Halle, Köln, Nürnberg und Weimar. Die Mannschaftskabinen boten Platz für sieben Feuerwehrmänner. Einmalig war der RKW, den Metz 1939 für die BF Kassel baute. Sie hatte das dreiachsige, geländegängige Fahrgestell Typ 33 GI des in Kassel ansässigen Herstellers Henschel gewählt. Alle anderen Feuerwehren wählten damals keine geländetauglichen Fahrgestelle.

Magirus lieferte 1931 einen Pionierwagen an die Feuerwehr Dresden und mehrere Rüstkraftwagen auf eigenen Fahrgestellen an die Feuerwehren Wilhelmshaven (1935), München (1936), Wuppertal (1938) sowie Regensburg, Würzburg, Hindenburg, Pirna, Oberhausen und Aachen (1939). Sie besaßen ein Spill und einen klappbaren Kranausleger am Heck mit einer Tragkraft von 4,5 bis 5 Tonnen bei einer maximalen Hubhöhe von etwa 3 Metern.

Rüstkraftwagen der Feuerschutzpolizei Dessau, gebaut von Metz auf Mercedes-Benz-Fahrgestell LD 3750. Der Sechszylinder-Dieselmotor leistete 100 PS (05)

Mit diesen RKW, die imstande waren, kleinere Lasten zu heben, wurde im Grunde eine Entwicklung vorweg genommen, die in den 1980er Jahren zu den Rüstwagen vom Typ RW 2-Kran mit ihren hydraulisch betriebenen Heckkrananlagen führte, zum Beispiel der BF Offenbach und Kassel.

Bemerkenswert ist, dass das Reichsministerium des Innern von 1940 bis 1943 zwar „Anordnungen über den Bau von Feuerwehrfahrzeugen“ betreffend Löschfahrzeuge, Drehleitern und Schlauchwagen herausgegeben hat, jedoch nicht über Rüstkraftwagen. Anscheinend sah man diese Fahrzeuggattung nicht als kriegswichtig an, was in Anbetracht der vordringlichen Aufgaben der Brandbekämpfung im Luftkrieg verständlich erscheint.

Neben den Pionier- beziehungsweise Rüstwagen unterhielten viele Berufsfeuerwehren schon in den 1930er Jahren zusätzlich Sonderfahrzeuge für Rettungseinsätze auf Gewässern vor. Zum Beispiel gab es bei der BF Stuttgart und der BF Breslau seit 1933 einen „Wasserrettungswagen“ auf Mercedes-Benz-Fahrgestell. Zur Beladung gehörte jeweils ein einsatzbereites Schlauchboot.

Ein Sanitätsautomobil von 1924 wurde 1933 zu diesem Wasserrettungswagen der Feuerwehr Stuttgart umgebaut. Das Fahrgestell war ein Benz Typ 1 CN, dessen Vierzylindermotor 35 PS leistete *(08)*

Wasserrettungswagen der BF Breslau auf einem Mercedes-Benz-Fahrgestell, Baujahr 1933.
Der Aufbau war für die Unterbringung des Schlauchbootes zu kurz! *(09)*

Die Abkürzung RKW stand bis Ende der 1940er Jahre für „Rüstkraftwagen“, analog zu den übrigen Fahrzeugbezeichnungen „Kraft(fahr)spritze“ und „Kraftfahrleiter“. Vergleiche auch im Zivilbereich: Kraftfahrzeug, Kraftrad, Kraftomnibus. Es sollte damit der motorische Antrieb zum Ausdruck gebracht werden.
Nach dem Zweiten Weltkrieg erhielt die Abkürzung RKW eine andere Bedeutung, nämlich „Rüstkranwagen“. Darunter wird ein Rüstwagen mit einer Kraneinrichtung verstanden.

In der Nachkriegszeit:
Rüstkranwagen für technische Hilfeleistungen

Unter den vom Arbeitsausschuss 3 des damaligen Fachnormenausschuss Feuerlöschwesen (FNFW) im Jahr 1952 für eine Normung vorgesehenen Feuerwehrfahrzeugen waren ein „Rüstwagen R 7,5" und ein „Rüstwagen R 10" mit entsprechender Hebevorrichtung (Heckkran) geplant. Doch zu einer Normung kam es indessen nicht. Rüstkranwagen (RKW) mit Dreh- oder Klappkran am Heck wurden in der Nachkriegszeit nur in sehr geringen Stückzahlen verlangt. Die Firmen Magirus und Metz stützten sich dabei zunächst auf Entwicklungen der 1930er Jahre, als sogenannte Rüstkraftwagen an einige größere Feuerwehren geliefert worden waren. Die BF München beschaffte 1955 und 1957 je einen Rüstkranwagen auf Magirus-„Rundhauber"-Fahrgestell S 6500 mit einem zur Seite klappbaren Kranausleger am Heck, der maximal 2000 kg heben konnte, sowie 1956 und 1957 je einen Rüstkranwagen auf dem gleichen Fahrgestell, jedoch mit auf dem Dach abzulegendem Kranausleger, mit einer maximalen Hubkraft von 7000 kg. Alle drei RKW verfügten über Staffelkabinen.

Den ersten Rüstwagen der Firma Metz mit einem drehbaren Kranaus-

Ein Rüstkranwagen aus der Landesbeschaffung der Regierung des Saarlandes, gebaut 1956 von Metz auf dem französischen Fahrgestell Latil mit Radstand von 4,60 m. Der RKW konnte bis zu 10 000 kg heben und besaß eine 5-t-Vorbau-Seilwinde. Der in Suresnes bei Paris ansässige Hersteller Latil baute bis 1957 Lkw. Dass die Wahl auf ein französisches Fahrgestell gefallen war, erklärt sich aus der Tatsache, dass das Saargebiet bis zum 1. Januar 1957 unter französischer Verwaltung stand *(05)*

Der Prototyp der Rüstkranwagen von Magirus auf dem Fahrgestell Magirus-Deutz S 6500 F. Nach seiner Vorstellung auf der IAA 1951 erwarb ihn die Feuerwehr Tananarive/Madagaskar *(04)*

Rüstkranwagen RKW 7 aus der saarländischen Landesbeschaffung von Magirus auf Fahrgestell KHD S 6000 F für die FF Kreisstadt Saarlouis. Dieser RKW, Baujahr 1952, ist erhalten geblieben Die Kotflügel waren ursprünglich schwarz lackiert *Foto und Fahrzeugsammlung: Georg Walter*

Rüstkranwagen RKW 7 der BF Dortmund von Magirus auf Fahrgestell Magirus-Deutz S 6500 mit Allradantrieb. Baujahr 1952 *(04)*

Der 1960 bei der FF Bamberg in Dienst gestellte Magirus-RKW 10 ist nach Aussonderung dort als Museumsfahrzeug erhalten geblieben. Fahrgestell: Magirus-Deutz 170 D 16 AF Jupiter

leger gab die BF Frankfurt am Main im Jahr 1948 in Auftrag. Metz baute am Heck des von der Frankfurter Feuerwehr zur Verfügung gestellten Fahrgestells KHD S 4500, das von einem Großen Löschgruppenfahrzeug (GLG) aus der Kriegsproduktion 1943/44 stammte, einen um 90 Grad nach rechts und links schwenkbaren Kranausleger an. Mithilfe der elektrischen Winde konnten Lasten bis zu 7500 kg gehoben werden. Im Fahrzustand war der Ausleger zusammengefaltet an die Rückseite geklappt. Zum Verfahren angehängter Lasten dienten zwei am Heck angeordnete robuste Stützrollen. Der RKW war außerdem mit einem Drehstromgenerator 15 kVA und einem elektrisch betätigten Spill mit einer Zugkraft von 4000 kg ausgestattet. Dieser RKW war der erste nach dem Krieg (um)gebaute Rüstkranwagen. Er wurde der Frankfurter Feuerwehr am 11. Januar 1949 übergeben und leistete ihr in der Folgezeit gute Dienste.

Diese technische Lösung konnte aber auf die Dauer nicht befriedigen. Die Feuerwehren forderten eine Steigerung der Leistungsfähigkeit von Rüstkranwagen, wozu auch ein um 360 Grad drehbarer Kranausleger gehörte. Als erster Hersteller bot die Firma Magirus 1951 einen Rüstkranwagen mit rundum drehbarem Kranausleger an. Der auf der Frankfurter Automobilausstellung 1951 vorgestellte Rüstkranwagen RKW 7 war auf einem Langhauber-Fahrgestell des Typs S 6500 mit 4,80 m Radstand aufgebaut und besaß einen vollkommen geschlossenen Aufbau, der aus einem Geräteraum und einer viertüri-

Links: Rüstkranwagen RKW 10 der BF Bielefeld von Metz auf Fahrgestell Mercedes-Benz LA 332/52. Die ursprünglich eingebaute 4-t-Vorbau-Seilwinde von Rotzler wurde gegen eine Stemmler-Seilwinde mit 4,5 t Zugkraft ausgewechselt. Dieser RKW, Baujahr 1962, ist erhalten geblieben

Foto und Fahrzeugsammlung: Georg Walter

Rechts: Rüstkranwagen RKW 10 der FF Iserlohn von Magirus auf Fahrgestell Magirus-Deutz 170 D 16 AF Jupiter. Die Rot-Weiß-Lackierung erfolgte später. Auch dieser RKW, Baujahr 1964, ist erhalten geblieben

Foto und Fahrzeugsammlung: Georg Walter

gen Sechs-Mann-Kabine bestand. Ein Drehstromgenerator mit einer Nennleistung von 16 kVA versorgte die Elektromotoren für Aufrichten/Ablegen, Drehen, Seilwinde und Spillantrieb. In Fahrzeuglängsachse betrug die Hebekraft der Krananlage 7000 kg, quer dazu bis zu 4000 kg. Stützrollen zum Fahren mit angehängter Last wurden wegen der Rundum-Drehfähigkeit für entbehrlich gehalten. Der gittermastartige Ausleger war während der Fahrt auf dem Dach gelagert. Dieser erste RKW 7 wurde nach Madagaskar verschifft, wo ihn die Feuerwehr der Hauptstadt Tananarive übernahm. Es folgten bis 1952 noch fünf RKW 7, und zwar für die Feuerwehren Völklingen, Saarbrücken, Saarlouis, Neunkirchen und Mönchengladbach. Danach baute Magirus noch sieben RKW 7 für deutsche Feuerwehren auf dem Rundhauber-Fahrgestell S 6500, darunter ein einziger mit Allradantrieb

Dieser GW 2, der ab 1961 bei der FF Aalen in Dienst stand, ist in bestens restauriertem Zustand erhalten geblieben.
Fahrgestell: Magirus F Mercur 125 A

Der GW 3 der BF Hannover wurde 1957 von Metz auf dem Fahrgestell Mercedes-Benz LAKo 326 mit dem extrem langen Radstand von 5,20 Meter gebaut. Der GW 3 besaß eine Vorbau-Seilwinde *(05)*

Den GW 3 mit Vorbau-Seilwinde der BF Stuttgart baute Magirus 1960 auf dem Fahrgestell F Magirus Jupiter A *(04)*

Rüstkranwagen

Typ	Feuerwehr	Lieferung	Hersteller
RKW 7	FF Völklingen	1952	Magirus
RKW 7	FF Saarlouis	1952	Magirus
RKW 7	FF Neunkirchen	1952	Magirus
RKW 7	BF Mönchengladbach	1952	Magirus
RKW 7	BF Dortmund	1952	Magirus
RKW 10	BF Kassel	1952	Metz
RKW 7	BF Duisburg	1953	Magirus
RKW 10	BF Hamburg	1953	Metz
RKW 7	FF Reutlingen	1954	Magirus
RKW 7	BF Kaiserslautern	1954	Magirus
RKW 7	BF Solingen	1955	Magirus
RKW 10	BF Nürnberg	1955	Metz
RKW 7	BF München	1956	Magirus
RKW 10	FF Garmisch-Partenkirchen	1956	Metz
RKW 10	BF Saarbrücken	1956	Metz
RKW 10	BF Krefeld	1956	Metz
RKW 10	FF Wanne-Eickel	1958	Magirus
RKW 10	BF Kiel	1958	Metz
RKW 10	BF Hagen	1959	Magirus
RKW 10	BF Aachen	1960	Magirus
RKW 10	FF Bamberg	1960	Magirus
RKW 10	BF Oberhausen	1960	Magirus
RKW 10	BF Bielefeld	1962	Metz
RKW 10	BF Lübeck	1962	Magirus
RKW 10	FF Castrop-Rauxel	1963	Magirus
RKW 10	FF Witten	1963	Magirus
RKW 10	BF Bonn	1964	Magirus
RKW 10	FF Iserlohn	1964	Magirus
RKW 10	FF Neuss	1964	Metz
RKW 10	BF Köln	1965	Magirus

(BF Dortmund). Weitere RKW 7 gingen ins Ausland.

Der leistungsstärkere Nachfolger RKW 10 wurde erstmals 1957 gebaut. Den ersten erhielt die Feuerwehr Basel. Der erste RKW 10 für eine deutsche Feuerwehr ging 1958 an die FF Wanne-Eickel; Fahrgestell war der „Rundhauber“ F Jupiter A 7500. Auf dem gleichen Fahrgestell erhielten 1960 die BF Aachen und die FF Bamberg die nächsten RKW 10. Danach wurden noch acht RKW 10 für deutsche Feuerwehren, sämtlich auf dem Eckhauber-Fahrgestell F Jupiter A, gebaut.

Nach ihrer Aussonderung sind mehrere Magirus-RKW 10 von Museen und privaten Sammlern übernommen worden und erfreulicherweise erhalten geblieben, zum Beispiel der Rüstkranwagen von Bamberg. Der Aachener RKW 10 ging nach der „Wende“ zur FF Naumburg/Saale und war damit einige Jahre lang der älteste aktive RKW.

Die Firma Metz, die bereits 1940 einen Patentanspruch auf einen Rüstkranwagen mit im Kreis drehbaren Kran angemeldet hatte, lieferte ihren ersten RKW in der Nachkriegszeit 1952 an die Stadtwerke Frankfurt am Main. Er war auf dem Büssing-Fahrgestell Typ 8000 aufgebaut und konnte bis zu 10 Tonnen heben. Es folgten bis 1964 acht RKW 10. Ein Einzelstück war der RKW 10 der BF Nürnberg, die 1955 das MAN-Fahrgestell 758 L1 vorschrieb.

Das Saarland führte von 1952 bis 1955 eine Landesbeschaffung von sogenannten Hilfsrüstwagen (HRW 2) mit Staffelbesatzung durch. Magirus lieferte acht HRW auf dem Fahrgestell MD S 3500 aus, die mit Spill am Heck, Generator 11 kVA und einem kleinen Klappkran mit 2000 kg Hebekraft ausgestattet waren. Von diesen HRW sind mehrere erhalten geblieben.

1965 endete die Ära der Rüstkranwagen. Zwar blieben diese RKW noch viele Jahre im Dienst, doch Magirus und Metz hatten inzwischen wesentlich leistungsfähigere Kranwagen KW 15 beziehungsweise KW 16 mit hydraulisch angetriebenen Kraneinrichtungen entwickelt.

Die Normung der Rüstwagen

Auch nach dem Zweiten Weltkrieg hatten die Feuerwehren Hilfeleistungseinsätze aller Art zu bewältigen. Der Anteil an Straßenverkehrsunfällen war zunächst klein, denn das Verkehrsaufkommen war in den ersten Nachkriegszeiten gering. Sehr häufig waren Verkehrsstörungen auf den schlechten Straßenzustand zurückzuführen. Weil keine einheitliche Baurichtlinien oder gar eine Norm für Rüstwagen nicht existierte, beschafften die Feuerwehren die Rüstwagen, welche die Feuerwehrfahrzeugindustrie, hauptsächlich vertreten durch Magirus und Metz, von sich aus anbot.

Die Vorläufer der Rüstwagen: Gerätewagen

Nach langen Vorarbeiten und vielen Abwägungen veröffentlichte der FNFW im April 1961 das Normblatt DIN 14555 „Gerätewagen – Allgemeine Richtlinien" mit den Typen GW 1, GW 2 und GW 3 sowie im August 1961 das Beiblatt „Beladung". Bemerkenswert ist, dass man von der seit den 1930er Jahren eingeführten, wenn auch nicht „offiziellen" Bezeichnung „Rüstwagen" abging. Der Begriff „Gerätewagen" wurde im Normblatt folgendermaßen definiert: „Gerätewagen sind für technische Hilfeleistungen besonders gestaltete und zur Aufnahme einer Besatzung und einer besonderen Beladung eingerichtete Kraftfahrzeuge."
Es wurden drei Typen unterschieden:

- **Gerätewagen GW 1**

Besatzung: 1 Führer, 2 Mann
Straßen- oder Allradantrieb
Zulässiges Gesamtgewicht:
maximal 5000 kg

- **Gerätewagen GW 2**

Besatzung: 1 Führer, 2 Mann
Allradantrieb
Zulässiges Gesamtgewicht:
maximal 10 000 kg
Fest eingebaute, vom Fahrzeugmotor angetriebene Zugvorrichtung (Spill und/oder Seilwinde), Zugkraft einsträngig mindestens 3,0 Tonnen

- **Gerätewagen GW 3**

Besatzung: 1 Führer, 2 Mann
Allradantrieb
Zulässiges Gesamtgewicht:
maximal 15 000 kg
Fest eingebaute, vom Fahrzeugmotor angetriebene Zugvorrichtung (Spill und/oder Seilwinde), Zugkraft einsträngig mindestens 4,5 Tonnen

Ein fest eingebauter, vom Fahrzeugmotor angetriebener Generator war bei keinem der drei Typen vorgesehen. Lediglich tragbare Stromerzeuger mit einer Leistung von (nur) 4 kVA gehörten zur Beladung.

Für den Anstrich waren vorgeschrieben: rot glänzend RAL 3000 für Fahrerhaus, Aufbau, Motorhaube und Kühlerverkleidung; schwarz glänzend RAL 9005 für Fahrgestell, Räder und Kotflügel. Zwar galten diese Normen grundsätzlich bis zum April 1974, doch hatte die technische Entwicklung während der 13-jährigen Gültigkeit zu neuen Lösungen geführt. Die bedeutendste Neuerung war die Ablösung der mechanisch beziehungsweise elektrisch angetriebenen Seilwinde durch die hydraulisch betriebene Seilwinde. Auch der fest eingebaute und vom Fahrzeugmotor angetriebene Generator setzte sich durch.

Die 1. Generation der Rüstwagen

Im April 1974 gab der FNFW (Fachnormenausschuss Feuerwehrwesen) vier völlig überarbeitete Normblätter heraus:

- DIN 14555 Blatt 1 (Vornorm) „Rüst- und Gerätewagen – Übersicht,

Technische Einrichtungen und Anforderungen“

- DIN 14555 Blatt 2 „Rüst- und Gerätewagen – Rüstwagen RW 1“
- DIN 14555 Blatt 3 (Vornorm) „Rüst- und Gerätewagen – Rüstwagen RW 2“
- DIN 14555 Blatt 4 „Rüst- und Gerätewagen – Rüstwagen RW 3“

Die hiermit genormten Rüstwagen ersetzten die frühere Bezeichnung „Gerätewagen“, die nur noch für die Feuerwehrfahrzeuge galt, die dem Transport der zur Ausführung technischer Hilfeleistungen erforderlichen Geräte dienen.

Die Definition „Rüstwagen“ gemäß DIN 14555 Blatt 1 lautete:
„Rüstwagen stellen die zur Ausführung technischer Hilfeleistungen erforderlichen Geräte und fest eingebauten maschinellen Hilfsmittel bereit.“
Mit „fest eingebauten Hilfsmittel“ waren Seilwinde, Generator und Lichtmast gemeint.

- **Rüstwagen RW 1**

Besatzung: (1 + 2)
Allradantrieb
Zulässiges Gesamtgewicht:
maximal 7500 kg
Nennzugkraft der vom Fahrzeugmotor angetriebenen Zugeinrichtung: 50 kN
Nennleistung des Generators:
10 bis 12,5 kVA
Angebauter Lichtmast (auf Wunsch des Bestellers)

- **Rüstwagen RW 2**

Besatzung: Trupp (1 + 2)
Allradantrieb
Zulässiges Gesamtgewicht:
maximal 11 000 kg
Nennzugkraft der vom Fahrzeugmotor angetriebenen Zugeinrichtung: 50 kN
Nennleistung des Generators:
15 bis 20 kVA
Angebauter Lichtmast

- **Rüstwagen RW 3**

Besatzung: Trupp (1 + 2)
Allradantrieb
Zulässiges Gesamtgewicht:
maximal 15 000 kg
Nennzugkraft der vom Fahrzeugmotor angetriebenen Zugeinrichtung: 150 kN
Nennleistung des Generators:
15 bis 20 kVA
Lichtmast an der Rückseite mit drei Flutlichtstrahlern je 1000 Watt

Neben dem RW 3 mit Truppbesatzung war auf Wunsch einiger großen Berufsfeuerwehren (München!) der RW 3-St mit Staffelbesatzung (1 + 5) genormt worden.

Die fest eingebaute und vom Fahrzeugmotor angetriebene Zugeinrichtung musste DIN 14584 „Zugeinrichtungen mit maschinellem Antrieb“, die im Mai 1973 veröffentlicht worden war, entsprechen.

Die 2. Generation der Rüstwagen

Der technische Fortschritt setzte sich stetig fort und erforderte bald, hauptsächlich bedingt durch das Anwachsen der Fahrgestellgewichte, eine Erhöhung der zulässigen Gesamtgewichte.

Als erstes wurde die Norm für „Rüstwagen RW 2“ neu bearbeitet und im Januar 1980 durch DIN 14555 Teil 3 (Vornorm) ersetzt. Das zulässige Gesamtgewicht stieg auf maximal 12 000 kg.

Die technischen Einrichtungen umfassten eine maschinelle Zugeinrichtung nach DIN 14584 mit einer Nennzugkraft von 50 kN, einen Generator mit 15 bis 20 kVA Leistung und einen Lichtmast mit zwei Flutlichtstrahlern.

Es folgte im Mai 1989 DIN 14555 Teil 2 „Rüstwagen RW 1“. Das zulässige Gesamtgewicht erhöhte sich auf 9000 kg. Die Liste der technischen Beladung wurde gründlich überarbeitet. Die Beladung war nun eingeteilt in

a) Standardbeladung, die in jedem Fall vorhanden sein muss
b) Zusatzbeladung nach Tabelle (Vorschlag)
c) Zusatzbeladung entsprechend örtlichen Belangen

Die technischen Einrichtungen umfassten eine maschinelle Zugeinrichtung nach DIN 14584 mit einer Nennzugkraft von 50 kN, einen Generator mit mindestens 12 kVA Leistung und einen Lichtmast mit zwei Flutlichtstrahlern.

Ein Übersichtsblatt DIN 14555 Teil 1 „Rüst- und Gerätewagen – Typen, Technische Einrichtungen“, herausgegeben ebenfalls im Mai 1989, definierte den Begriff „Rüstwagen“ wie folgt:
„Ein Rüstwagen ist ein Feuerwehrfahrzeug mit Allradantrieb, das zur technischen Hilfeleistung eingesetzt wird. Fest eingebaut und vom Fahrzeugmotor angetrieben ist eine Zugvorrichtung mit maschinellem Antrieb. Der Rüstwagen hat eine feuerwehrtechnische Beladung und kann einen

eingebauten oder angebauten Lichtmast und einen eingebauten Generator haben."

Der gleichzeitige Betrieb von maschineller Zugvorrichtung, Generator und Lichtmast muss möglich sein (das war bei den früheren Gerätewagen nicht der Fall gewesen!).

Weil der Bedarf an Rüstwagen RW 3 und RW 3-St in der Folgezeit erheblich zurückgegangen war, wurde DIN 14555 Blatt 4 „Rüstwagen RW 3" am 1. März 1986 zurückgezogen. Zuletzt hatte die BF München 1983/1984 noch neun RW 3, die BF Berlin und BF Neumünster 1985 je einen RW 3 in Dienst genommen. Seitdem ist wohl nur noch ein einziger genormter RW 3 bestellt worden, und zwar 1989 von der BF Köln.

Im März 1990 wurde DIN 14555 Teil 3 „Rüstwagen RW 2" von 1980 durch eine Neuausgabe ersetzt.

Der Rüstwagen RW 2 wurde folgendermaßen definiert:

„Der Rüstwagen RW 2 ist ein Feuerwehrfahrzeug mit einer feuerwehrtechnischen Beladung, einem betriebsbereit ein- oder angebauten Lichtmast, einer eingebauten, vom Fahrzeugmotor angetriebenen Zugeinrichtung mit maschinellem Antrieb und einem Generator. Die Besatzung besteht aus einem Trupp (1/2)."

Das zulässige Gesamtgewicht betrug (wie bisher) maximal 12 000 kg.

Wie schon beim Rüstwagen RW 1, Ausgabe Mai 1989, wurde auch beim RW 2 die feuerwehrtechnische Beladung unterteilt in

a) Standardbeladung, die vorhanden sein muss

b) Zusatzbeladung nach Tabelle

c) Zusatzbeladung nach örtlichen Belangen

Außerdem konnte auf Wunsch des Bestellers ein Gerätesatz „Ölbeseitigung" und ein Gerätesatz „Wasserrettung" untergebracht werden. Letzterer bestand aus einem Rettungsboot (Schlauchboot) und/oder Eisschlitten.

Die im März 1995 vom FNFW herausgegebene Folgeausgabe DIN 14555-3 „Rüstwagen RW 2" enthielt nur geringfügige Änderungen in den Beladelisten. 1998 musste das zulässige Gesamtgewicht bei Fahrgestellen mit Automatikgetrieben auf maximal 12 500 kg erhöht werden.

Die 3. Generation der Rüstwagen

Die 3. Generation der Rüstwagen bedeutet eine radikale Veränderung im Normengefüge. Die bisherige Unterscheidung in die beiden Typen RW 1 und RW 2 wurde aufgegeben beziehungsweise die beiden Typen wurden vereinigt. Die im Juni 2002 vom FNFW herausgegebene DIN 14555-3 „Rüstwagen und Gerätewagen – Rüstwagen RW" kennt nur noch einen Typ, eben den „Rüstwagen" schlechthin.

Die Definition für Rüstwagen lautet:

„Der Rüstwagen (RW) ist ein Feuerwehrfahrzeug mit einer feuerwehrtechnischen Beladung, einem betriebsbereit ein- oder angebauten Lichtmast, einer eingebauten vom Fahrzeugmotor angetriebenen Zugeinrichtung mit maschinellem Antrieb und einem vom Fahrzeugmotor angetriebenen Stromerzeuger. Die Besatzung besteht aus einem Trupp (1/2), mindestens aber aus einem Führer/einer Führerin und einem Maschinisten/einer Maschinistin."

Die wichtigsten Änderungen sind folgende:

- Erhöhung des zulässigen Gesamtgewichts (jetzt als „Gesamtmasse" bezeichnet) auf 14 000 kg
- Erhöhung der Leistung des eingebauten Generators auf 22 bis 30 kVA
- Fahrzeughöhe auf 3300 mm angehoben
- Fahrzeugbreite auf 2550 mm angehoben (wie allgemein für Lkw)
- Begrenzung der maximalen Geschwindigkeit auf 100 km/h (Unfallgefahr vermindert)
- Überarbeitung der feuerwehrtechnischen Beladung
- Überarbeitung des Gerätesatzes „Ölbeseitigung"
- Wegfall des Gerätesatzes „Wasserrettung"
- Entfall des Beladeplans, der die Unterbringung der Geräte in den Geräteräumen im einzelnen vorschrieb. Jetzt ist die Unterbringung freigestellt
- Aufnahme der Anforderungen an die Farbgebung (Klebefolien zugelassen)
- Konturmarkierung mittels Folien nach ECE 104 ist zulässig

Erstmals wurden im Vorwort die Aufgaben der Rüstwagen beispielhaft aufgeführt: Lkw-Unfälle, Rettung aus Höhen und Tiefen, Versorgung von Stromverbrauchern (zum Beispiel bei Unwettereinsätzen), Unfälle auf Baustellen, Unfälle im Schienenverkehr, Gebäudeeinstürze, Öleinsätze, schwere Betriebsunfälle, Naturkatastrophen, Technische Hilfeleistung bei Brandeinsätzen, Unterstützung bei Gefahrguteinsätzen.

Ferner wird im Vorwort der Norm betont, dass der Rüstwagen keine selbständige Einheit ist, sondern in der Regel mindestens zusammen mit einem wasserführenden Löschfahrzeug eingesetzt wird.

Im Oktober 2003 erschien die Übersichtsnorm DIN 14555-1 „Rüstwagen und Gerätewagen – Allgemeine Anforderungen" als Ersatz für DIN 14555-1 vom Mai 1989. Hier wurden noch einmal die Anforderungen an die Zugeinrichtung mit maschinellem Antrieb, den Generator und den Lichtmast überarbeitet.

Bereits im Mai 2007 wurde die Folgeausgabe DIN 14555-3 „Rüstwagen und Gerätewagen – Rüstwagen RW" veröffentlicht. Sie brachte allerdings nur unwesentliche Änderungen und Ergänzungen, zum Beispiel der Beladeliste. Wichtig ist die Forderung nach Sperren an allen Differenzialen und die Empfehlung von Automatikgetrieben. Dieses Normblatt stellt den aktuellen Stand der Normung der Rüstwagen dar (2009).

Betrachtungen zum zulässigen Gesamtgewicht und den Motorleistungen

Seit 1961 sind bei den genormten Rüstwagen im Laufe der Zeit die maximal zulässigen Gesamtgewichte gestiegen, wie die Tabelle rechts verdeutlicht:

Die Erhöhung der maximal zulässigen Gesamtgewichte war eine direkte Folge der angestiegenen Leergewichte, diese wiederum durch technische Verbesserungen (zum Beispiel Einführung der Zweikreis-Zweileitungs-Bremsanlage, so genannte EG-Bremse, ABS, ESP) und gesetzliche Verordnungen (zum Beispiel Abgasvorschriften) bedingt. Das bei den Feuerwehren vielfach und mit Berechtigung gewünschte Automatikgetriebe bedeutet zusätzliches Mehrgewicht. Dem gegenüber brachte die Erhöhung der zulässigen Gesamtgewichte durchaus nicht immer eine Nutzlastzunahme, die der Feuerwehr in Form von mehr Beladung zugute gekommen wäre.

Besonders drastisch sind die in vier Stufen vorgenommenen Gewichtszunahmen beim Rüstwagen RW 2: Gegenüber dem 1961 für den Gerätewagen GW 2 geltenden zulässigen Gesamtgewicht von 10000 kg bedeutete das ab März 1995 zulässige Gesamtgewicht (jetzt: „Gesamtmasse") von 14000 kg für den „Einheitstyp" RW eine Gewichtssteigerung von 40 Prozent innerhalb von vier Jahrzehnten!

Als Folge der Gewichtszunahmen stiegen auch die Motorleistungen an.

Die DIN 14502 Blatt 2 vom November 1967 schrieb damals eine spezifische Motorleistung von mindestens 12 PS je Tonne des zulässigen Gesamtgewichts vor. Das bedeutete für den RW 2 mit 11 000 kg zulässigem Gesamtgewicht eine Motorleistung von 132 PS. Rüstwagen RW 2 auf den seinerzeit weit verbreiteten Fahrgestellen Magirus 170 D 11 FA und Mercedes-Benz 1017 AF übertrafen die Normforderung mit 15,5 PS/Tonne beziehungsweise 14 PS/Tonne. Wer mehr Leistung wünschte, wählte die Fahrgestelle Magirus 192 D 11 FA beziehungsweise Mercedes-Benz 1019 AF (beide mit zulässigem Gesamtgewicht 12 000 kg) und erreichte damit 16 PS/Tonne.

In der Folgeausgabe von DIN 14502 Blatt 2, die im September 1975 erschien, war keine Anforderung für die spezifische Motorleistung mehr enthalten. Wie schon in der vorherigen Ausgabe bestand aber die Forderung, dass ein bis zum zulässigen Gesamtgewicht ausgerüstetes Feuerwehrfahrzeug, also auch ein Rüstwagen, bei betriebswarmem Motor innerhalb 40 Sekunden mindestens von 0 auf 60 km/h beschleunigt werden kann. Mit dieser Forderung war es praktisch nicht möglich, die erforderliche Motorleistung im voraus zu bestimmen (nur in einem komplizierten Rechenvorgang zu ermitteln). Erst in der nächsten Folgeausgabe von DIN 14502 Teil 2 vom August 1987 wurde wieder eine spezifische Motorleistung gefordert. Da inzwischen durch das „Gesetz über die Einheiten im Messwesen" vom 2. Juli 1969 vorgeschrieben war, dass

DIN 14555, Ausgabe	GW 1 bzw. RW 1	GW 2 bzw. RW 2	GW 3 bzw. RW 3	RW
April 1961	5000 kg	10000 kg	15000 kg	-
April 1974	7500 kg	11 000 kg	15000 kg	-
Mai 1989	9000 kg	-	-	-
März 1990	-	12000 kg	-	-
März 1995	-	12500 kg	-	-
Juni 2002	-	-	-	14000 kg
Mai 2007	-	-	-	14000 kg

Leistungsangaben in Kilowatt (kW) anstelle Pferdestärke (PS) zu erfolgen haben, wurde auch die spezifische Mindestleistung in der neuen Einheit angegeben. Sie lautet seitdem: 12 kW je 1000 kg zulässigem Gesamtgewicht. Dafür entfiel die Forderung einer Mindestbeschleunigung.

Zum Vergleich: 12 kW/1000 kg bedeuten gegenüber der früheren Forderung von 12 PS/Tonne eine Leistungssteigerung von 36 Prozent. Aktuell liegen die spezifischen Motorleistungen aller Fahrgestellhersteller im Bereich von 13 bis 17 kW/1000 kg. Die beiden gegenwärtig am stärksten motorisierten Rüstwagen nach der neuen Norm besitzt die BF Bremen. Sie sind 2005 von Ziegler auf dem Fahrgestell MAN TGA 18.410 aufgebaut und haben eine Leistung von 301 kW, die spezifische Leistung beträgt somit 16,7 kW/1000 kg.

Die gestiegenen Motorleistungen führen theoretisch und praktisch auch zu einer Anhebung der Höchstgeschwindigkeiten. Hohe Geschwindigkeiten bedeuten gerade für Wegerechtsfahrzeuge eine erhöhte Unfallgefahr. Da Feuerwehrfahrzeuge von der für Lkw geltenden Vorschrift des § 57c der Straßenverkehrs-Zulassungs-Ordnung (StVZO) über den Einbau von Geschwindigkeitsbegrenzern (Höchstgeschwindigkeit 90 km/h) ausgenommen sind, sah sich der FNFW veranlasst, in der DIN 14555-3 eine Begrenzung auf 100 km/h festzulegen.

Obwohl in Fahrzeugschein und Fahrzeugbrief seit 1969 alle Leistungsangaben ausschließlich in Kilowatt erfolgen, können sich die Feuerwehren (genauso wie die meisten privaten Autobesitzer) nicht gänzlich von den vertrauten Pferdestärken lösen.

Wichtiger noch als reine Leistungswerte ist das maximale Drehmoment und seine Abhängigkeit vom Drehzahlverlauf. Ein hohes Drehmoment – gemessen in Newtonmeter (Nm) – sollte bereits bei niedrigen Drehzahlen erreicht werden und sich über einen möglichst weiten Drehzahlbereich erstrecken. Ein hohes Drehmoment bedeutet starkes Anfahr- und Beschleunigungsvermögen, beides ist gerade bei Feuerwehrfahrzeugen begreiflicherweise erwünscht. Wie die Motorleistungen sind auch die Drehmomentwerte kontinuierlich gestiegen. Beispiele werden in der folgenden Tabelle aufgeführt:

Fahrgestell	Motorleistung	max. Drehmoment
Magirus Deutz F 192 D 11 FA	141 kW (192 PS)	618 Nm bei 1400/min
Mercedes-Benz 1019 AF	141 kW (192 PS)	627 Nm bei 1300/min
Iveco FF 140 E 28 W	205 kW	950 Nm von 1250 bis 2100/min
Mercedes-Benz Atego 1328 AF	205 kW	1100 Nm von 1250 bis 1500/min

Die aktuellen Drehmomentwerte liegen bei allen Motorenherstellern um die 1000 Nm.

Die oben erwähnten Rüstwagen der BF Bremen weisen den Spitzenwert von 1850 Nm im Bereich von 1100/min bis 1400/min auf.

Die genormten Rüstwagen

Gerätewagen als Vorgänger

Die Gerätewagen mit den drei Typen GW 1, GW 2 und GW 3 nach DIN 14555, veröffentlicht im April 1961, waren die Vorläufer der ab April 1974 genormten Rüstwagen der drei Typen RW 1, RW 2 und RW 3/ RW 3-St. Das zulässige Gesamtgewicht des GW 1 betrug 5000 kg, beim GW 2 10 000 kg und beim GW 3 15 000 kg. Gerätewagen vom Typ GW 3 beschafften nur wenige Berufsfeuerwehren, so zum Beispiel

1957 die BF Hannover auf Fahrgestell Mercedes-Benz LAKo 326 mit dem extrem langen Radstand 5,20 m,

1960 die BF Stuttgart auf Fahrgestell Magirus F Jupiter A

1962 die BF Mainz auf Fahrgestell F Magirus 200 D 16 A

1964 die BF Essen auf Fahrgestell Krupp AK 701

1964 die Berliner Feuerwehr auf Fahrgestell Magirus Deutz F Pluto 200 A

Die Beladung des Stuttgarter GW 3 wies eine Besonderheit auf: Die Elektrowerkzeuge wurden mit Drehstrom mit einer Frequenz von 200 Hertz betrieben. Derartige „Hochfrequenz-Werkzeuge" waren damals im Baugewerbe üblich. Da deren Elektromotoren keine Kollektoren und Bürsten besaßen, unterlagen sie nach Auffassung der Branddirektion praktisch keinem Verschleiß. Nachteilig war allerdings, dass diese Elektrowerkzeuge nicht vom Netz aus betrieben werden konnten.

Die BF München beschaffte 1954 und 1957 je einen Pionierwagen auf Rundhauber-Fahrgestell S 6500 von Magirus. Seine technischen Merkmale: 15-t-Seilwinde, Generator 18 kVA, Hilfsausleger am Heck für 2000 kg Hebekraft.

Erwähnenswert ist der sogenannte Rüstkraftwagen der FF Amberg, den diese nach ihren Vorgaben von Metz bereits 1955 bauen ließ. Sie hatte ein Fahrgestell Mercedes-

Links: Die BF Hamburg beschaffte von 1972 bis 1974 insgesamt 16 RW 1 auf dem Unimog-Fahrgestell U 125. Die Aufbauten mit den Falttüren fertigte die Firma Metz. Vorn konnte wahlweise ein Luftkompressor oder ein Schneepflug montiert werden

Rechts: Die zweite Generation von RW 1 der BF Hamburg wurde von 1983 bis 1987 ebenfalls von Metz beschafft, jetzt mit Rollläden. Das Fahrgestell war der Unimog U 1300 L

1980: Ein RW 1 der BF Hamburg leuchtet eine nächtliche Einsatzstelle aus *(10)*

Benz L 4500 S, das von einem Schlauchwagen S 4,5 stammte, beigestellt. Der Amberger Rüstkraftwagen besaß ein 4-t-Spill am Heck; eine Hebeeinrichtung war nicht vorhanden.

- **Magirus, Iveco Magirus, Iveco:** F Magirus d 7 FA, FF 75-16 AW, FF 95 E 18 W, FF 100 E 21 W, FF 140 E 28 W
- **MAN:** 8.163 LAEC, 8.224 LAEC, 9.150 FAE
- **Mercedes-Benz:** LAF 911 B, Unimog U 125, Unimog U 1100 L, Unimog U 1300 L, 917 AF, 925 AF

Die Rüstwagen RW 1

Der von 1974 bis 2002 genormte Rüstwagen vom Typ RW 1 ist bis heute der am weitesten verbreitete Rüstwagen. Nach der offiziellen (allerdings nicht sehr zuverlässigen) Statistik des Deutschen Feuerwehrverbands (DFV) für das Jahr 2006 sind bei den Freiwilligen Feuerwehren 1312 RW 1 und bei den Berufsfeuerwehren 25 RW 1, zusammen 1337 RW 1, vorhanden.

Als Fahrgestelle zum Bau von RW 1 wurden bisher im Wesentlichen verwendet: (siehe Kasten)

RW 1 der FF Bargteheide auf Fahrgestell Mercedes-Benz Unimog 1300 L mit Aufbau von Bachert. Baujahr 1981

RW 1 der Landesfeuerwehrschule Brandenburg in Eisenhüttenstadt auf Fahrgestell Mercedes-Benz 917 AF und Aufbau von FGL. Baujahr 1993

RW 1 der FF Bad Vilbel auf Fahrgestell Mercedes-Benz 917 AF mit Aufbau von Empl. Es war der erste RW 1 von Empl. Baujahr 1996

RW 1 der Feuerwehr Hanau auf Fahrgestell Mercedes-Benz 917 AF mit Aufbau von Magirus. Baujahr 1998

RW 1 der FF Hattersheim auf Fahrgestell Mercedes-Benz 917 AF mit Aufbau von Metz. Baujahr 1999

RW 1 der BF Erfurt auf Fahrgestell Mercedes-Benz 917 AF mit Aufbau von Ziegler. Baujahr 2000

RW 2 der FF Winsen/Aller auf Fahrgestell Mercedes-Benz 1017 AF mit Aufbau von Schlingmann. Baujahr 1981

Die Rüstwagen RW 2

Der von 1974 bis 2002 genormte Rüstwagen vom Typ RW 2 steht nach dem RW 1 zahlenmäßig an zweiter Stelle. Leider listet die offizielle Statistik des DFV die Stückzahlen nicht getrennt für RW 2 und RW 3 auf. Für das Jahr 2006 wurden von den Bundesländern gemeldet: Freiwillige Feuerwehren: 823 RW 2 und RW 3, Berufsfeuerwehren: 68 RW 2 und RW 3, zusammen 891 RW 2 und RW 3.

Als Fahrgestelle zum Bau von RW 2 wurden bisher im Wesentlichen verwendet:

- **Magirus, Iveco Magirus, Iveco:** F Magirus 150 D 10, F Magirus 170 D 11 FA, F Magirus 192 D 11 FA, Iveco FF 134 E 24 W, Iveco FF 135 E 22 W, Iveco FF 140 E 24 W, Iveco FF 140 E 28 W
- **MAN:** 11.160 FA, 11.168 HA-LF, 11.192 HA-LF, 12.232 HA-LF, 14.224 LA-LF, 14.254 LA-LF, 14.255 LA-LF, 14.264 MA-LF, 14.284 MA-LF, 14.285 MA-LF (ME 285 B), 15.264 MA-LF, 19.314 FAK
- **Mercedes-Benz:** LAF 1113 B, 1017 AF, 1019 AF, 1124 AF, 1224 AF, 1225 AF, MB 1226 AF, 1234 AF, Atego 1328 AF, Atego 1528 AF, Atego 1628 AF, Actros 1831 A

RW 2 der FF Hude auf Fahrgestell Magirus Deutz 170 D 11 FA und Magirus-Aufbau, Baujahr 1975. Dieser RW 2 stand zuvor bis 1996 im Dienst der FF Mindelheim

RW 2 der Flughafenfeuerwehr Hamburg auf Fahrgestell Mercedes-Benz 1222 AF mit Aufbau von Schlingmann. Baujahr 1987

Die FF Soltau beschaffte 1983 diesen RW 2 auf dem Hauben-Fahrgestell: MAN 11.192 HA-LF mit Aufbau von Ziegler. Rotzler-Seilwinde 50 kN, Generator 20 kVA, Lichtmast mit zwei Flutlichtscheinwerfern je 2000 Watt. Dieser RW 2 ist ein gutes Beispiel für Langlebigkeit eines Feuerwehrfahrzeugs, er war noch 2008 im Dienst

Ein RW 2 der BF Hamburg leuchtet eine nächtliche Autobahn-Einsatzstelle aus

(10)

Ein seltener RW 2: die BF Darmstadt ließ sich 1986 von Ziegler einen RW 2 mit Staffelkabine bauen. Fahrgestell: Mercedes-Benz 1222 AF

RW 2 der FF Uetersen auf Fahrgestell Mercedes-Benz 1222 AF mit Aufbau von Schlingmann. Baujahr 1990

RW 2 der FF Glinde auf Fahrgestell Mercedes-Benz 1222 AF mit Aufbau von Schlingmann. Rotzler-Seilwinde „Treibmatic“ 50 kN, Generator 20 kVA, Lichtmast mit zwei Flutlichtscheinwerfern je 1000 Watt. Baujahr 1992

Dieser RW 2 dient zur Ausbildung an der Landesfeuerwehrschule Brandenburg in Eisenhüttenstadt. Fahrgestell: MAN 12.232 AF, Aufbau: Schlingmann. Baujahr 1992

RW 2 der FF Sindelfingen auf Fahrgestell Mercedes-Benz 1224 AF mit Aufbau von Rosenbauer. HPC-Seilwinde 50 kN, Generator 20 kVA, Lichtmast mit zwei Flutlichtscheinwerfern je 1000 Watt. Baujahr 1994

RW 2 der FF Buxtehude auf Fahrgestell Iveco Magirus 135 E 22 W mit Aufbau von Magirus. Rotzler-Seilwinde „Treibmatic“ 50 kN, Generator 20 kVA, Lichtmast mit vier Flutlichtscheinwerfern je 1000 Watt. Baujahr 1995

RW 2 der FF Gettorf auf Fahrgestell MAN 14.224 MA-LF mit Aufbau von Metz. HPC-Seilwinde 50 kN, Generator 20 kVA, Lichtmast mit zwei Flutlichtscheinwerfern je 1000 Watt. Baujahr 1995

Der RW-G der Flughafenfeuerwehr Dresden ist eine Kombination von RW 2 und GW-Gefahrgut. Er wurde 1996 von Rosenbauer auf dem Fahrgestell MAN 17.222 FA gebaut. Rotzler-Seilwinde „Treibmatic“ 80 kN, Generator 20 kVA. In den Geräteräumen auf der rechten Seite ist die Beladung für Gefahrguteinsätze untergebracht

RW 2 der BF Osnabrück auf Fahrgestell Mercedes-Benz 1234 AF mit mittellangem Fahrerhaus und Aufbau von Schlingmann. Rotzler-Seilwinde „Treibmatic" 50 kN, Generator 50 kVA, Lichtmast mit zwei Flutlichtscheinwerfern je 1000 Watt. Baujahr 1997

RW 2 der FF Geesthacht auf Fahrgestell Mercedes-Benz 1224 AF mit mittellangem Fahrerhaus und Aufbau von Schlingmann. Rotzler-Seilwinde „Treibmatic" 50 kN, Generator 50 kVA, Lichtmast mit zwei Flutlichtscheinwerfern je 1000 Watt. Baujahr 1998

RW 2 der FF Ludwigslust auf Fahrgestell Iveco Magirus 135 E 24 W mit Aufbau von Magirus. Rotzler-Seilwinde „Treibmatic" 50 kN, Generator 20 kVA, Lichtmast mit zwei Flutlichtscheinwerfern je 1500 Watt. Baujahr 1998

RW 2 der BF Herne auf Mercedes-Benz-Fahrgestell Actros 1831 A mit Aufbau von Magirus. Es ist der erste Rüstwagen auf einem MB Actros-Fahrgestell. Rotzler-Seilwinde „Treibmatic" 80 kN, Generator 20 kVA, Stemlite-Lichtmast. Beim „Herner Design" sind Stoßfänger, Radabdeckungen und Rückblickspiegel gelb lackiert. Baujahr 1998

RW 2 der BF Köln auf Fahrgestell MAN 14.224 LA-LF mit Aufbau von Schmitz. Rotzler-Seilwinde „Treibmatic" 50 kN, Generator 20 kVA, Lichtmast mit zwei Flutlichtscheinwerfern je 1500 Watt. Es war der erste RW 2 von Schmitz. Eine Besonderheit: keine Dachbeladung, die vierteilige Steckleiter ist im Aufbau eingeschoben. Baujahr 1999

RW 2 der FF Kaltenkirchen auf Fahrgestell Mercedes-Benz Atego 1225 AF mit Aufbau von Schlingmann. Rotzler-Seilwinde „Treibmatic" 50 kN, Generator 20 kVA, Lichtmast mit zwei Flutlichtscheinwerfern je 1500 Watt. Baujahr 2000

Als Ersatz für ihren RW 2 von 1987 stellte die Feuerwehr des Hamburg Airport im Jahr 2000 diesen RW 2 von Rosenbauer in Dienst. Fahrgestell: MAN 14.284 MA-LF mit mittellangem Fahrerhaus. Rotzler-Seilwinde „Treibmatic" 50 kN, Generator 20 kVA, Lichtmast mit vier Flutlichtscheinwerfern je 1000 Watt. Der Generator treibt zusätzlich eine Hydraulikpumpe zum Betreiben von Rettungsgeräten und einen Druckluftkompressor an. Der Rüstwagen präsentiert sich im neuen Design des Hamburg Airport

RW 2 der FF Schwarzenbek auf Fahrgestell MAN 14.224 MA-LF mit Aufbau von Ziegler. HPC-Seilwinde 50 kN, Generator 20 kVA, Lichtmast mit zwei Flutlichtscheinwerfern je 1500 Watt. Baujahr 2001

RW 2 der FF Neu-Wulmsdorf, Ortswehr Rade, auf Fahrgestell Mercedes-Benz Atego 1328 AF mit Aufbau von Rosenbauer. Rotzler-Seilwinde „Treibmatic" 50 kN, Generator 20 kVA, Lichtmast mit zwei Flutlichtscheinwerfern je 1000 Watt. Außerdem ist eine Poly-Löschanlage mit 50 Liter lightwater vorhanden. Baujahr 2002

RW 2 der BF Düsseldorf auf Fahrgestell Mercedes-Benz Atego 1528 AF. Aufbau mit Folienbeklebung: Ziegler. Rotzler-Seilwinde „Treibmatic" 80 kN, Generator 30 kVA, Lichtmast mit zwei Flutlichtscheinwerfern je 1000 Watt. Baujahr 2002

RW 2 der FF Backnang auf Fahrgestell Mercedes-Benz Atego 1528 AF mit Aufbau von Rosenbauer. Rotzler-Seilwinde „Treibmatic“ 50 kN, Generator 30 kVA, Lichtmast mit zwei Flutlichtscheinwerfern je 1500 Watt. Baujahr 2002. Auf dem mittleren Rollladen ist der Schutzpatron der Feuerwehr St. Florian symbolisch dargestellt

RW 2 der FF Pinneberg auf Fahrgestell Mercedes-Benz Atego 1225 AF mit Aufbau von Ziegler. Rotzler-Seilwinde „Treibmatic“ 50 kN, Generator 20 kVA, als Besonderheit Lichtmast mit vier Quecksilberdampfleuchten je 400 Watt. Baujahr 2004

Zur Beladung von Rüstwagen gehört heute vielfach ein Plasma-Schneidgerät. Mit ihm lassen sich elektrisch leitfähige Metalle sehr gut trennen. Es entstehen sehr glatte Schnittkanten, weil das geschmolzene Metall kontinuierlich durch Pressluft entfernt wird. Der Name rührt von dem mittels des Lichtbogens erzeugten ionisierten Gas (Plasma) her

Links: Die Anfang der 1970er Jahre erstmals verfügbaren hydraulischen Rettungsgeräte, nämlich Schere und Spreizer, wurden 1980 genormt und gehörten seitdem zur Beladung der Rüstwagen vom Typ RW 2. Sie eröffneten der Rettungstechnik neue Möglichkeiten, namentlich bei der Befreiung von Personen aus Unfallfahrzeugen

Die 1980 in DIN 14751 genormten hydraulisch betätigten Rettungsgeräte bedeuten einen enormen Fortschritt in der technischen Rettung und Bergung eingeklemmter Personen. Schneidgerät und Spreizer gehörten ab 1980 zur feuerwehrtechnischen Beladung des RW 2.

Die Gestaltung der Geräteräume ist heute ausgefeilt: Sie wird durch leichtgängige Auszüge, Drehregale und schwenkbare Halterungen bestimmt. Schwere Geräte wie Schere/Spreizer und Stromerzeuger sind tief gelagert.

„Horch was kommt von draußen rein …“ Von der Straße abgekommen und mitten in einem Gebäude gelandet *(10)*

Die Bahn hat immer Vorfahrt!
Und ist in der Regel stärker als ein Kraftfahrzeug *(10)*

Mit vereinten Kräften:
ohne Handarbeit geht es
bei der Feuerwehr nicht *(10)*

Häufige Tätigkeit
der Feuerwehr nach
Stürmen: Räumung von
umgestürzten Bäumen
(10)

Eingleisen einer aus den Schienen gesprungenen Straßenbahn in Hamburg *(10)*

Häufiger Unfallgrund:
mangelhafte Ladungssicherung! *(10)*

Nur elf Feuerwehren entschieden sich für einen RW 2 von Metz im GST-Design. Die BF Gießen übernahm 1990 das Vorführfahrzeug. Fahrgestell: Mercedes-Benz 1225 AF

Rüstwagen im GST-Design

Feuerwehr	Fahrgestell	Lieferung
FF Espelkamp	MB 1224 AF	1990
BF Gießen	MB 1225 AF	1990
FF Kreuztal	MB 1222 AF	1990
FF Malsch	MB 1222 AF	1990
FF Oberammergau	MB 1222 AF	1990
FF Durmersheim	MB 1222 AF	1990
FF Schweinfurt	MB 1120 AF	1990
BF Weimar	MB 1222 AF	1990
FF Mühlhausen	MB 1222 AF	1991
LFS Sachsen	MB 1222 AF	1991
FF Waltershausen	MB 1222 AF	1992

Rüstwagen RW 2 im GST-Design

Die Aufbauten der RW 2 unterscheiden sich bei den einzelnen Herstellern äußerlich nur wenig voneinander, das serienmäßige Lkw-Führerhaus wird als Truppkabine beibehalten.

Die Firma Metz stellte 1988 auf der Internationalen Feuerwehrausstellung „Interschutz – Der Rote Hahn“ in Hannover für den Rüstwagen RW 2 (sowie für das Löschgruppenfahrzeug LF 16/12 und das Tanklöschfahrzeug TLF 16/25) auf der Basis des Fahrgestells Mercedes-Benz 1225 AF ein neuartiges Aufbaukonzept vor. Der Entwurf stammte von der Tochterfirma Gesellschaft für Sicherheitstechnik (GST) des Krupp-Konzerns, zu dem die Firma Metz seinerzeit gehörte. Die Geräteräume waren tiefer gelegt, die Dachbegrenzungen durchgehend geschlossen und enthielten Langfeldleuchten zur Umgebungsbeleuchtung, die sich bei Öffnen der Geräteraum-Rollläden selbsttätig einschalteten. An den Fahrzeugecken vorn und hinten waren die blauen Kennleuchten in die Dachbegrenzungen integriert. An Front- und Rückseite befand sich je ein „Informations-Display“, auf dem programmierte Texte angezeigt werden konnten. Beim LF 16/12 und TLF 16/25 kamen noch großzügig bemessene Verlängerungen des Mannschaftsraumes hinzu. Nie zuvor hatte die Besatzung soviel Platz und so günstige Ein-/Ausstiegsverhältnisse vorgefunden. Diese räumlichen Vorteile entfielen allerdings beim Rüstwagen mit seinem serienmäßigen Truppfahrerhaus.

Das Vorführfahrzeug erwarb 1990 die BF Gießen. Weitere zehn RW 2 in GST-Design gingen an diese Feuerwehren: (siehe Tabelle)

Die BF Weimar war die zweite Berufsfeuerwehr, die einen RW 2 von Metz im GST-Design beschaffte, alle anderen neun RW 2-GST gingen an Freiwillige Feuerwehren. Fahrgestell: Mercedes-Benz 1222 AF. Baujahr 1990

Rüstwagen mit Kraneinrichtung

Einige Feuerwehren hatten bereits in den 1970er und 1980er Jahren einen Rüstwagen mit einem am Heck angebauten Ladekran beschafft. 1976 nahmen die am Bodensee gelegenen Freiwilligen Feuerwehren Konstanz, Friedrichshafen, Radolfzell und Überlingen im Rahmen des Bodensee-Schutzkonzepts je einen RW 2-Öl mit Heckkran in Dienst. Er diente vor allem zum Versetzen von mitgeführtem Ölwehrgerät.

Die Firma Metz baute 1978 einen RW 3-Kran auf Fahrgestell MB 1626 AK für die BF Kassel und 1983 einen RW 3-Kran auf Fahrgestell MB 2224 (6x4) für die BF Offenbach. Die WF Merck, Darmstadt, nahm 1985 einen dreiachsigen RW 3-Kran in Dienst. 1984 baute Gebr. Bachert für den Flughafen Frankfurt-Main einen RW 2-Kran. In den 1970er Jahren gab es auch einige wenige RW-Kran, die als Gebrauchtfahrzeuge von holländischen Feuerwehren übernommen worden waren.

Aus einem nicht zustande gekommenen Exportauftrag der Firma Ziegler stammen die fünf RW 2-Kran auf Scania-Fahrgestellen des Typs P 113 HK, Baujahr 1994, die später an die Feuerwehr des NATO-Stützpunkts Geilenkirchen und an die Freiwilligen Feuerwehren Kirchheimbolanden, Neuruppin, Homburg/Saar und Zweibrücken verkauft wurden.

Von 1985 bis 1996 lieferte die Firma Rosenbauer mehrere RW 2-Kran, deren Heckkran auch dazu diente, den im Aufbau gelagerten Geräte-Container herauszuheben. Zu den deutschen Bestellern gehörten unter anderen die Freiwilligen Feuerwehren Dreieich, Wiesmoor und Lindenberg.

In neuerer Zeit erhielten neben anderen die FF Bad Doberan 2003 einen RW 2-Kran, die BF Krefeld 2006 einen RW-Kran sowie die FF Lauf und die FF Alzey 2008 einen RW-Kran.

RW 2-Öl mit Kraneinrichtung der FF Friedrichshafen auf Fahrgestell Magirus Deutz 170 D 11 FA mit Aufbau von Magirus. Rotzler-Hydroseilwinde 50 kN, Generator 20 kVA, Lichtmast. Atlas-Heckkran, Hebekraft maximal 2200 kg. Der Kran diente vor allem zum Absetzen der mitgeführten Ölwehrausrüstung. Baujahr 1975. Drei weitere RW 2-Kran erhielten seinerzeit die FF Konstanz, Radolfzell und Friedrichshafen

RW 3-Kran der BF Kassel auf Fahrgestell Mercedes-Benz 1626 AK mit Aufbau von Metz. Rotzler-Seilwinde 100 kN, Generator 20 kVA, Lichtmast mit drei Flutlichtscheinwerfern je 1000 Watt. Hiab-Ladekran, maximale Hebekraft 4200 kg. Baujahr 1978

RW 3-Kran der Werkfeuerwehr Merck, Werk Darmstadt, auf Fahrgestell Mercedes-Benz 2226 (6x4) mit Aufbau von Schlingmann. Rotzler-Seilwinde „Treibmatic“ 80 kN, Generator 28 kVA, Lichtmast mit zwei Flutlichtscheinwerfern je 1000 Watt. Meiller-Ladekran. Baujahr 1980

Die BF Offenbach beschaffte 1983 einen RW 3 mit Kraneinrichtung am Heck und wählte dafür das dreiachsige Fahrgestell Mercedes-Benz LAK 2224 (6x4). Den Aufbau mit den Ladebordwänden fertigte Metz. Rotzler-Hydroseilwinde 50 kN, Generator 20 kVA, Lichtmast mit zwei Flutlichtscheinwerfern je 1500 Watt. Atlas-Ladekran, maximale Hebekraft 7000 kg bei 1,75 m

RW 2-Kran der Flughafenfeuerwehr Frankfurt-Main auf Fahrgestell Mercedes-Benz 1428 AK mit Aufbau von Bachert. Rotzler-Seilwinde „Treibmatic“ 50 kN, Generator 20 kVA. Baujahr 1984

RW 2-Kran der FF Dreieich-Sprendlingen auf Fahrgestell Mercedes-Benz 1222 AF mit Aufbau von Rosenbauer. Rotzler-Seilwinde „Treibmatic“ 50 kN, Generator 20 kVA, Lichtmast mit zwei Flutlichtscheinwerfern je 1500 Watt. Die Heckansicht zeigt deutlich den Hiab-Kran, maximale Hebekraft 3700 kg. Baujahr 1992

RW 2-Kran der BF Stralsund auf Fahrgestell Mercedes-Benz 1224 AF mit Aufbau von Rosenbauer. Rotzler-Seilwinde „Treibmatic“ 50 kN, Generator 20 kVA, Lichtmast mit vier Flutlichtscheinwerfern je 1000 Watt. Hiab-Kran, maximale Hebekraft 4000 kg bei 2,70 m Ausladung. Baujahr 1997

RW 2-Kran der BF Kassel auf MAN 14.264 MA-LF. Aufbau mit Folienbeklebung: Magirus. Rotzler-Seilwinde „Treibmatic“ 50 kN, Generator 20 kVA, Lichtmast mit zwei Flutlichtscheinwerfern je 1000 Watt. Dänischer Hojberg-Kran, maximale Hebekraft 2400 kg bei 4,30 m Ausladung. Baujahr 1998. Dieser RW 2-Kran ist der Nachfolger RW 3-Kran von 1978

RW 2-Kran der FF Neuruppin auf Scania P 113 HK (4x4) mit Aufbau von Ziegler. Rotzler-Seilwinde „Treibmatic“ 50 kN, Generator 20 kVA, Lichtmast mit zwei Flutlichtscheinwerfern je 1000 Watt. Hiab-Kran, maximale Hebekraft 4000 kg bei 1,80 m Ausladung. Baujahr 1994

RW 2-Kran der FF Kirchheimbolanden auf Scania P 113 HK (4x4) mit Aufbau von Ziegler. Rotzler-Seilwinde „Treibmatic" 50 kN, Generator 20 kVA, Lichtmast mit zwei Flutlichtscheinwerfern je 1000 Watt. Hiab-Kran, maximale Hebekraft 4000 kg bei 1,80 m Ausladung. Baujahr 1994

Rüstwagen mit Kran (Auswahl)

Feuerwehr	Typ	Baujahr	Fahrgestell	Aufbau	Ladekran
FF Friedrichshafen	RW-Öl	1976	MD 170 D 11 FA	Magirus	-
FF Konstanz	RW-Öl	1976	MD 170 D 11 FA	Magirus	-
FF Radolfzell	RW-Öl	1976	MB LAF 1113 B	Ziegler	-
FF Überlingen	RW-Öl	1976	MB 1017 AF	Ziegler	-
BF Kassel	RW 3-Kran	1978	MB 1626 Ak	Metz	Hiab
Lk Northeim	RW-Öl	1979	MD 170 D 11 FA	Magirus	-
BF Offenbach	RW 3-Kran	1983	MB 2224 (6x4)	Metz	Atlas
WF Merck, Darmstadt	RW 3-Kran	1985	MB 2226 (6x4)	Schlingmann	Meiller
FF Marburg	RW 2-Kran	1987	MB 1225 AF	Metz	Atlas
WF DOW, Stade	RW 2-Kran	1988	MB LAF 1113 B	Rosenbauer	Hiab
FF Catrop-Rauxel	RW 2-Kran	1988	MB 1222 AF	Metz	-
WF Daimler-Benz	RW 2-Kran	1988	MB 1222 AF	Rosenbauer	-
FF Dreieich	RW 2-Kran	1992	MB 1222 AF	Rosenbauer	Hiab
Flughafen Köln-Bonn	RW 2-Kran	1994	MB 1929 AK	Ziegler	Hiab
FF Neuruppin	RW 2-Kran	1994	Scania P 113 HK	Ziegler	Hiab
FF Homburg/Saar	RW 2-Kran	1994	Scania P 113 HK	Ziegler	Hiab
NATO Geilenkirchen	RW 2-Kran	1994	Scania P113 HK	Ziegler	Hiab
FF Zweibrücken	RW 2-Kran	1994	Scania P 113 HK	Ziegler	Hiab
FF Kirchheimbolanden	RW 2-Kran	1994	Scania P 113 HK	Ziegler	Hiab
FF Wiesmoor	RW 2-Kran	1995	MB 1224 AF	Rosenbauer	Hiab
BF Stralsund	RW 2-Kran	1996	MB 1224 AF	Rosenbauer	Hiab
BF Kassel	RW 2-Kran	1998	MAN 15.264 MA	Magirus	Höjberg
WF VW, Wolfsburg	RW 2-Kran	1998	MAN 27.343 DFAE	Zikun	Atlas
FF Lindenberg	RW 2-Kran	2000	MAN 14.264 MA-LF	Rosenbauer	Hiab
FF Bad Doberan	RW 2-Kran	2003	MAN LE 220 B	Empl	Palfinger
FF Meppen	RW-Kran	2005	MAN ME 14.280	Schlingmann	Palfinger
FF Stadtlauringen	RW-Kran	2005	Iveco FF 140 E 28 W	Magirus	-
BF Krefeld	RW-Kran	2006	Scania R 340 LB 4x2	Gimaex/Schmitz	Palfinger
FF Alzey	RW-Kran	2008	MB Atego 1329 AF	Ziegler	Palfinger

RW-Kran der FF Bad Doberan auf Fahrgestell MAN LE 220 B mit Aufbau von Empl. HPC-Seilwinde 50 kN, Generator 20 kVA. Lichtmast. Palfinger-Kran, maximale Hebekraft 10 000 kg. Dazu gehört ein Greifer, der auf dem Fahrzeugdach gelagert ist. Baujahr 2003

RW-Kran der BF Krefeld auf Fahrgestell Scania R 340 LB 4x2 MNA mit Aufbau von Gimaex-Schmitz. Der Sechszylinder-Reihen-Dieselmotor hat eine Leistung von 250 kW (340 PS). Damit ist dieser RW zurzeit einer der am stärksten motorisierten kommunalen Rüstwagen. Rotzler-Seilwinde „Treibmatic" 80 kN, Generator 30 kVA, Lichtmast mit vier Flutlichtscheinwerfern je 1500 Watt. Palfinger-Kran, maximale Hebekraft 5850 kg. Baujahr 2006

RW-Kran der FF Alzey auf Fahrgestell Mercedes-Benz Atego 1329 AF mit Aufbau von Ziegler. Rotzler-Seilwinde „Treibmatic" 50 kN, Generator 30 kVA, Lichtmast mit zwei Flutlichtscheinwerfern je 1000 Watt. Palfinger-Ladekran, maximale Hebekraft 3300 kg. Baujahr 2008

Oben: 1955 beschaffte die BF München als Vorläufer der RW 3-St den ersten von drei Rüstkraftwagen (RKW) auf dem Rundhauber-Fahrgestell Magirus S 6500. Er verfügte über eine elektrisch angetriebene Seilwinde am Heck, einen 2-t-Hilfskranausleger und einen Generator 18 kVA *(02)*

Mitte: Einer von insgesamt sieben RW 3-St, die von der BF München von 1965 bis 1971 von Magirus beschafft wurden. Das Fahrgestell war vom Typ F Magirus 200 D 16 A. Die RW 3-St verfügten über Spill-Seilwinde 15 t, Generator 24 kVA und Lichtmast *(04)*

Die Rüstwagen RW 3 und RW 3-St

Der größte Typ der genormten Rüstwagen war der RW 3 mit Truppbesatzung und der RW 3-St mit Staffelbesatzung. 1965 erteilten fast gleichzeitig die BF München und die BF Frankfurt am Main ihre Bestellung für je einen RW 3-St an Magirus. Zwar kam der erste Auftrag von Frankfurt, jedoch erhielt München den ersten RW 3-St.

RW 3-St der BF Frankfurt am Main auf dem Eckhauber-Fahrgestell Magirus Deutz F 200 D 16 A. Baujahr 1966 *(04)*

Oben: RW 3 der BF Freiburg auf Fahrgestell Mercedes-Benz LAK 1623 mit Aufbau von Bachert. Baujahr 1969

Mitte: RW 3-St der BF Salzgitter auf Fahrgestell MAN 16-256 HA mit Aufbau von Bachert. Baujahr 1972 *(11)*

Die BF München beschaffte in der Folgezeit zunächst ausschließlich RW 3-St. Sie waren bis Mitte der 1990er Jahre das Kernstück des Münchner Rüstzuges, der aus ELW 1, TroTLF 16 und LF 16 bestand. Alle Zugwachen waren mit einem RW 3-St ausgestattet. Seit 1985 wurden nur noch RW 3 mit Truppbesatzung beschafft. Nach Einführung der neuen Hilfeleistungslöschfahrzeuge (HLF) Ende 1995 wurde die Zahl der RW von

RW 3-St der BF München auf Fahrgestell Magirus Deutz 232 D 16 FA im Einsatz

acht auf vier reduziert. Seit Einführung der neuen Rüstwagen-Generation im Jahr 2006 werden zur Zeit nur noch drei RW 3 vorgehalten. Bevor der RW 3 und der RW 3-St 1974 genormt wurden, gab es in München als Vorläufer drei Rüstkraftwagen (RKW) mit Staffelbesatzung auf Magirus Rundhauber-Fahrgestellen.

Die Berliner Feuerwehr beschaffte ausschließlich RW 3-St. Sie wurden überwiegend beim Techni-

Die Münchner Feuerwehr im Einsatz nach Zusammenstoß eines Lkw mit einer Straßenbahn

RW 3 der BF München auf Fahrgestell Iveco Magirus 190-25 mit Aufbau von Ziegler. Baujahr 1984 *(12)*

RW 3 der BF Neumünster auf Fahrgestell Mercedes-Benz 1928 AK mit Aufbau von Meisner (Rendsburg). Baujahr 1985

RW 3 der BF Köln auf Fahrgestell MAN 17.220 FAK mit Aufbau von Ziegler. Rotzler-Seilwinde „Treibmatic“ 150 kN. Generator 20 kVA. Baujahr 1989

Nach ihrer Aussonderung bei der Feuerwehr war mancher RW 3 begehrtes Objekt in der Privatwirtschaft, so wie hier der RW 3 auf F Magirus Deutz 200 D 16 A. Die Aufnahme entstand 1992 in Hamburg

Als RW 3 wird der schwere Rüstwagen der Werkfeuerwehr BASF, Ludwigshafen, auf Fahrgestell MAN 33.414 FNLLC (6x4) mit Aufbau von Zikun bezeichnet. Als Geräteraumverschlüsse sind Schwenkwände („Swing Board“) vorhanden. Rotzler-Seilwinde „Treibmatic“ 80 kN, Generator 75 kVA, Lichtmast mit sechs Flutlichtscheinwerfern je 1500 Watt. Am Heck wird ein Gabelstapler mitgeführt. Baujahr 2001

Die Münchner Rüstkraftwagen (RKW), Rüstwagen RW 3 und RW 3-St

Stückzahl, Typ	Baujahr	Fahrgestell	Aufbau	fest eingebaute Aggregate
1 RKW (St)	1955	Magirus S 6500	Magirus	Spill-Seilwinde 15 t, Generator 18 kVA, Kranausleger 2 t
1 RKW (St)	1956	Magirus S 6500	Magirus	Spill-Seilwinde 15 t, Generator 18 kVA, Drehkran 7 t
1 RKW (St)	1957	Magirus S 6500	Magirus	Spill-Seilwinde 15 t, Generator 18 kVA, Kranausleger 2 t
1 RW 3-St	1965	F Magirus 200 D 16 A	Magirus	Spill-Seilwinde 15 t, Generator 24 kVA, Lichtmast
2 RW 3-St	1967	F Magirus 200 D 16 A	Magirus	Spill-Seilwinde 15 t, Generator 24 kVA, Lichtmast
2 RW 3-St	1968	F Magirus 200 D 16 A	Magirus	Spill-Seilwinde 15 t, Generator 24 kVA, Lichtmast
2 RW 3-St	1971	F Magirus 200 D 16 A	Magirus	Spill-Seilwinde 15 t, Generator 24 kVA, Lichtmast
3 RW 3	1984	Iveco Magirus 190-25 AHW	Ziegler	Seilwinde 150 kN, Generator 24 kVA, Lichtmast
6 RW 3	1985 – 1987	Iveco Magirus 190-25 AHW	Ziegler	Seilwinde 150 kN, Generator 24 kVA, Lichtmast
3 RW 3	2006	MB Atego 1628 AF	Magirus	Rotzler-Seilwinde 80 kN, Generator 30 kVA, Lichtmast

Die Berliner Rüstwagen RW 3-St

Stückzahl	Baujahr	Fahrgestell	Aufbau	fest eingebaute Aggregate
1	1966	F Magirus 200 D 16 A	Magirus	Spill 15 t, Generator 24 kVA, Lichtmast
1	1969	F Magirus 200 D 16 A	Magirus	Spill 15 t, Generator 24 kVA, Lichtmast
2	1972	F Magirus 232 D 16 FA	Magirus	Spill 15 t, Generator 25 kVA, Lichtmast
2	1976	F Magirus 232 D 16 FA	Magirus	Spill 15 t, Generator 25 kVA, Lichtmast
1	1985	MAN 19.281 FA	Bachert	Seilwinde 15 t, Spill, Generator 20 kVA, Lichtmast
1	1993	MAN 19.322 FA	Rosenbauer	Spill 8 t, Generator 20 kVA, Lichtmast
1	1995	MAN 19.322 FA	Rosenbauer	Spill 8 t, Generator 20 kVA, Lichtmast
1	2007	MAN TGA 18.350 4x4 BL	Rosenbauer	Rotzler-Winde 80 kN, Generator 20 kVA, Lichtmast

Weitere Rüstwagen RW 3 und RW 3-St (Auswahl)

Feuerwehr	Typ	Baujahr	Fahrgestell	Aufbau
BF Frankfurt a. M.	3 RW 3-St	1966	F Magirus 200 D 16 A	Magirus
BF Düsseldorf	RW 3-St	1966	F Magirus 232 D 16 FA	Magirus
BF Freiburg	RW 3	1969	MB LAK 1623	Bachert
FF Regensburg	RW 3-St	1971	F Magirus 230 D 16 FA	Magirus
BF Hanau	RW 3	1971	F Magirus 232 D 16 FAK	Magirus
BF Duisburg	RW 3	1972	MB LAK 1924	Metz
FF Schongau	RW 3	1972	MB 1624 AK	Metz
BF Salzgitter	RW 3-St	1972	MAN 16.256 HA	Bachert
FF Worms	RW 3-St	1975	F Magirus 232 D 16 FA	Magirus
BF Köln	RW 3	1975	F Magirus 232 D 16 FA	Magirus
BF Hamburg	RW 3	1976	MB LAK 1624	Bachert
BF Kassel	RW 3-Kran	1978	MB 1419 AK	Metz
BF Lübeck	RW 3	1979	F Magirus 232 D 17 FA	Magirus
BF Essen	RW 3	1979	F Magirus 232 D 17 FA	Magirus
BF Heilbronn	RW 3	1980	F Magirus 232 D 17 FA	Magirus
WF Stahlwerke Peine-Salzgitter	RW 3	1982	MAN 16.240 FAK	Metz
FF Penzberg	RW 3	1983	MAN 16.240 HAK	Bachert
LK Weilheim	RW 3	?	MAN 16.240 HAK	Bachert
WF Thyssen Hütte, Duisburg	RW 3	ca. 1975	MB 1719 AK	Bachert
BF Hamburg	RW 3	1976	MB LAK 1624	Bachert
WF BASF, Ludwigshafen	RW 3	1978	MB 1626 AK	Bachert
BF Frankfurt a. M.	RW 3	1979	F Magirus 232 D 17 FA	Magirus
BF Frankfurt a.M.	RW 3	1981	F Magirus 232 D 17 FA	Magirus
BF Köln	RW 3	1981	F Magirus 232 D 17 FA	Magirus
WF Stahlwerke, Salzgitter	RW 3	1982	MAN 16.240 FAK	Metz
BF Offenbach	RW 3-Kran	1983	MB 2224 (6x4)	Metz
BF Neumünster	RW 3	1985	MB 1928 AK	Meisner
BF Köln	RW 3	1989	MAN 17.220 FAK	Ziegler
WF Merck, Darmstadt	RW 3-U	1995	MAN 26.342 6x4/2	Brändle
WF BASF, Ludwigshafen	RW 3	2001	MAN 33.414 FNLLC	Zikun

Rechts: Der 2001 gebaute RW der BF Solingen entsprach bereits der neuen im Juni 2002 veröffentlichten Norm für Rüstwagen (RW). Er wurde von Schlingmann auf dem abgelasteten Fahrgestell MAN 19.314 FAK mit mittellangem Fahrerhaus aufgebaut. Rotzler-Seilwinde „Treibmatic" 80 kN, Generator 20 kVA, Lichtmast mit vier Flutlichtscheinwerfern je 1000 Watt. Mittels eines aufsteckbaren Auslegers wird das auf dem Dach mitgeführte Schlauchboot im Handbetrieb abgesetzt. Ferner ist eine Rückfahrkamera vorhanden

schen Dienst (TD), einer Spezialeinheit, die auch weitere Sonderfahrzeuge vorhält und besetzt, stationiert.

Von 1965 bis 1971 baute Magirus insgesamt 13 RW 3-St auf dem Eckhauber-Fahrgestell MD 200 D 16 A beziehungsweise MD 232 D 16 FA.

Der DFV verfügt über keine Bestandszahlen von RW 3. Mit der Tabelle auf Seite 54 unten wird der Versuch unternommen, die wichtigsten RW 3 und RW 3-St aufzulisten.

RW der FF Spaichingen auf Fahrgestell MAN ME 280 B mit Ganz-Aluminium-Aufbau von Brändle. Rotzler-Seilwinde „Treibmatic" 80 kN, Generator 30 kVA, Lichtmast mit vier Flutlichtscheinwerfern je 1000 Watt. Eine Ladebordwand am Heck dient zur Entnahme von drei Rollcontainern. Baujahr 2001. Einen baugleichen RW erhielt die FF Waldshut-Tiengen im selben Jahr

Die Rüstwagen RW ab 2002

Seit 2002 gibt es nur noch einen genormten Typ: den Rüstwagen (RW). Zu den etablierten Aufbauherstellern traten zwei neue Firmen hinzu. Die Tony Brändle AG in der Schweiz lieferte 2001 erstmals zwei Rüstwagen nach deutscher Norm. Sie wurden für die FF Spaichingen und FF Waldshut-Tiengen als RW 2 auf dem Fahrgestell MAN ME 280 B gebaut, entsprachen aber bereits der neuen DIN 14555-3 „Rüstwagen". Als Besonderheit ist eine Ladebordwand am Heck vorhanden.

Die Firma Schwäble Fahrzeugbau GmbH in Gerstetten baute 2005

RW der Werkfeuerwehr DOW Deutschland GmbH, Werk Stade, auf Fahrgestell MAN ME 280 B mit Aufbau von Ziegler. Rotzler-Seilwinde „Treibmatic" 50 kN, Generator 30 kVA, Lichtmast mit zwei Flutlichtscheinwerfern je 1000 Watt. Baujahr 2002

erstmals einen RW, und zwar für die FF Lennestadt. Das Fahrgestell ist ein Mercedes-Benz Atego 1328 AF. Der Aufbau besteht aus feuerverzinkten, geschweißten Stahlprofilen mit Aluminiumblechbeplankung. Wegen der eingeschränkten Torhöhe des Gerätehauses beträgt die Fahrzeuggesamthöhe nur 3,00 Meter.

Einige Feuerwehren haben ihren Rüstwagen mit einer Ladebordwand am Heck ausstatten lassen, zum Beispiel FF Spaichingen (2001), FF Waldshut-Tiengen (2001), FF Großhansdorf (2003), FF St. Ingbert (2004), BF Bremen und BF Wuppertal (2005), FF Celle und FF Münchberg (2006).

Als Fahrgestelle zum Bau von RW nach DIN 14555-3 wurden bisher verwendet: (siehe Kasten)

RW der FF Plön von Magirus auf Fahrgestell Iveco FF 100 E 21 W mit Single-Bereifung mit Aufbau von Magirus. Rotzler-Seilwinde „Treibmatic" 50 kN, Generator 20 kVA, Lichtmast mit zwei Flutlichtscheinwerfern je 1000 Watt. Baujahr 2002

- **Iveco:** FF 100 E 21 W, FF 140 E 24 W, FF 140 E 30 W
- **MAN:** 14.255 MA-LF, LE 14.220 4x4 BB, LE 14.250 4x4 BB, ME 14.280 4x4 BB (14.285 MA-LF), TGM 13.280 4x4 BB, TGM 18.330 4x4 BL, TGM 18.320, TGA 18.410 4x4 BL
- **Mercedes-Benz:** Atego 1225 AFE, Atego 1328 AF, Atego 1329 AF, Atego 1428 AF, Atego 1528 AF, Atego 1529 AF, Atego 1628 AF

RW der FF Großhansdorf auf Fahrgestell Iveco FF 140 E 24 W mit Aufbau von Magirus. Rotzler-Seilwinde „Treibmatic" 50 kN, Generator 20 kVA, Lichtmast mit vier Flutlichtscheinwerfern je 1500 Watt. Dautel-Ladebordwand, maximale Traglast 1000 kg. Baujahr 2003

RW der FF Buchholz in der Nordheide auf Fahrgestell MAN ME 14.250 MA-LF mit Aufbau von Schlingmann. Rotzler-Seilwinde „Treibmatic“ 50 kN, Generator 30 kVA, Lichtmast mit zwei Flutlichtscheinwerfern je 1000 Watt. Baujahr 2003

RW der FF Monheim auf Fahrgestell Mercedes-Benz Atego 1328 AF mit Aufbau von Schlingmann. Rotzler-Seilwinde „Treibmatic“ 50 kN, Generator 30 kVA, Lichtmast mit zwei Flutlichtscheinwerfern je 1000 Watt. Baujahr 2004

RW der FF Dörpen auf Fahrgestell Mercedes-Benz Atego 1328 AF mit Aufbau von Rosenbauer. Rotzler-Seilwinde „Treibmatic“ 50 kN, Generator 30 kVA, Lichtmast mit zwei Flutlichtscheinwerfern je 1500 Watt. Baujahr 2004

RW der FF St. Ingbert auf Fahrgestell Mercedes-Benz Atego 1328 AF mit Aufbau von Gimaex-Schmitz. Rotzler-Seilwinde „Treibmatic“ 50 kN, Generator 30 kVA, Lichtmast mit zwei Flutlichtscheinwerfern je 1000 Watt. Dautel-Ladebordwand, maximale Traglast 1000 kg. Baujahr 2004

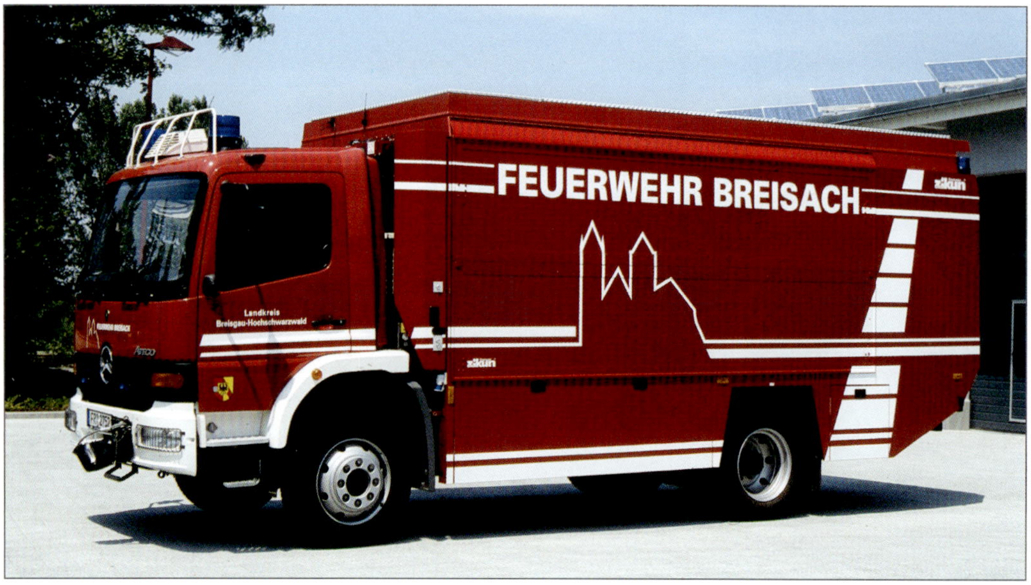

RW des Landkreises Breisgau-Hochschwarzwald, stationiert bei der FF Breisach, auf Fahrgestell Mercedes-Benz Atego 1428 AF mit Aufbau von Zikun. Pomp-Seilwinde 50 kN, Generator 30 kVA, Seitliche Schwenkwände („Swing Board“) auf beiden Seiten und Heckklappe anstelle von Rollladen. Baujahr 2004

RW der FF Lennestadt, Löschzug Meggen, auf Fahrgestell Mercedes-Benz Atego 1328 mit Aufbau von Schwäble. Es ist der erste Rüstwagen von Schwäble. HPC-Seilwinde 50 kN, Generator 15 kVA, Lichtmast mit zwei Flutlichtscheinwerfern je 1000 Watt. Baujahr 2005

RW der FF Halver auf Fahrgestell Mercedes-Benz Atego 1328. Aufbau mit Folienbeklebung: Gimaex-Schmitz. Rotzler-Seilwinde „Treibmatic" 50 kN, Generator 23 kVA, je ein Lichtmast vorn und hinten mit zwei Flutlichtscheinwerfern je 1500 Watt. Baujahr 2005

RW der BF Bremen auf Fahrgestell MAN TGL 18.410 4x4 BL mit Aufbau von Ziegler. Mit einer Motorleistung von 301 kW (409 PS) ist der Bremer Rüstwagen zur Zeit der am stärksten motorisierte. Rotzler-Seilwinde „Treibmatic" 50 kN, Generator 30 kVA, Lichtmast mit zwei Flutlichtstrahlern je 1500 Watt. Baujahr 2005

Der 2007 in Dienst gestellte RW der Berliner Feuerwehr auf Fahrgestell MAN TGA 18.350 4x4 BL ist für eine Staffelbesatzung ausgelegt und wäre daher nach früherer Norm als RW 3-St einzuordnen. Er ist mit seiner Motorleistung von 257 kW (350 PS) zurzeit einer der am stärksten motorisierten Rüstwagen. Die Besatzung ist im serienmäßigen Standardfahrerhaus und in einem im Gerätekoffer integrierten Mannschaftsraum untergebracht. Aufbau mit Folienbeklebung: Rosenbauer. Rotzler-Seilwinde „Treibmatic“ 80 kN, Generator 20 kVA, Lichtmast mit vier Flutlichtscheinwerfern je 1000 Watt. Das Bild eines Spreizers auf dem mittleren Rollladen weist symbolisch auf den Einsatzzweck dieses Fahrzeugs hin

RW der FF Seeheim auf Fahrgestell Iveco FF 140 E 30 W mit Aufbau von Gimaex-Schmitz. Rotzler-Seilwinde „Treibmatic“ 50 kN, Generator 30 kVA, Lichtmast mit zwei Flutlichtscheinwerfern je 1500 Watt. MBB-Ladebordwand, maximale Traglast 1000 kg. Baujahr 2008

RW mit Staffelbesatzung der FF Norderstedt, Ortswehr Garstedt, auf Fahrgestell MAN TGM 13.280 4x4 BL singlebereift mit Aufbau von Schlingmann. Folienbeklebung. Rotzler-Seilwinde „Treibmatic“ 50 kN, Generator 25 kVA, Lichtmast mit zwei Halogen-Flutlichtscheinwerfern je 1500 Watt und zwei Natriumdampfleuchten. Außerdem ist eine CAFS-Löschanlage von Gimaex-Schmitz eingebaut. Baujahr 2008

RW der FF Velbert auf Fahrgestell Mercedes-Benz Atego 1529 AF mit Aufbau von Ziegler. Rotzler-Seilwinde „Treibmatic“ 50 kN, Generator 20 kVA, Lichtmast mit sechs Xenon-Flutlichtscheinwerfern. Baujahr 2008

RW der Feuerwehr Fulda auf Fahrgestell Mercedes-Benz Atego 1429 AF mit Aufbau von Gimaex-Schmitz. Rotzler-Seilwinde „Treibmatic“ 50 kN, Generator 20 kVA, Lichtmast mit zwei Xenon-Flutlichtscheinwerfern und zwei Natriumdampfleuchten. MBB-Ladebordwand, maximale Traglast 1500 kg. Baujahr 2008

RW der FF Hof an der Saale auf Fahrgestell Iveco FF 140 E 30 W mit Magirus-Aufbau. Es ist der erste RW mit einem Aufbau in AluFire 3-Technik. Rotzler-Seilwinde „Treibmatic“ 50 kN, Generator 30 kVA, Lichtmast mit zwei Halogen-Flutlichtscheinwerfern je 2000 Watt und je einer Natriumdampf- und Quecksilberdampfleuchte. Baujahr 2009 *(04)*

Sonstige Rüstwagen

Neben den genormten Rüstwagen gibt es eine Reihe von ungenormten Rüstwagen für Sondereinsätze. Zu diesen zählen unter anderen die Rüstwagen Öl und Rüstwagen Schiene.

Rüstwagen Öl (RW-Öl)

Unter einem RW-Öl wird allgemein ein allradangetriebener Rüstwagen mit einem Einbautank zur Aufnahme und zum Transport wassergefährdender, auch brennbarer Flüssigkeiten, und einer speziellen Geräteausrüstung verstanden. Der Zusatz „Öl" steht stellvertretend für eine Reihe von (meist) flüssigen Gefahrstoffen. Die Aufgaben des RW-Öl sind Eindämmen und Abdichten, Auffangen und Aufnehmen, Abfüllen und Umpumpen, sowie Transport der aufgenommenen Flüssigkeiten. Das Aufnehmen von Flüssigkeiten geschieht mithilfe einer fest eingebauten Vakuumanlage (zum Beispiel Hydrovac-Anlage) und/oder tragbaren Spezialpumpen. Fest ein- beziehungsweise angebaut sind ein Generator und ein Lichtmast. Zur Beladung gehören unter anderem Chemikalienschutzkleidung, tragbare Umfüllpumpen, Faltbehälter, Spezialschläuche sowie Dämm- und Abdichtmaterial.

Es hat in der Vergangenheit nur sehr wenige RW-Öl nach dieser Definition gegeben, zum Beispiel bei der

Rüstwagen RW-Öl der BF Frankfurt am Main auf dem Fahrgestell F Magirus 150 D 10 A mit Aufbau von Magirus. Fest eingebaut war ein Generator. Flüssigkeiten wurden in Faltbehältern, die in den beiden Dachkästen untergebracht waren, aufgenommen. Baujahr 1965 *(04)*

BF München je ein RW-Öl 1964 und 1968. Der Münchner RW-Öl, aufgebaut auf dem Magirus-Eckhauber-Fahrgestell Mercur 150 A, war der erste seiner Art. Der Einbautank fasste 2500 Liter. Es folgten 1970 die BF Lübeck und 1971 die BF Hamburg mit je einem RW-Öl. Deren Einbautanks hatten einen Inhalt von 2000 Litern.

Die (gegebenenfalls unterteilten) zur Aufnahme brennbarer Flüssigkeiten geeigneten Einbautanks unterliegen den Technischen Regeln für brennbare Flüssigkeiten (TRbF). Zu den technischen Anforderungen gemäß TRbF gehören unter anderem: geschlossene Stahlblech-Schutzwandung zwischen Fahrerhaus und Tank, flammendurchschlagsichere Armaturen an Be- und Entlüftungseinrichtungen, Vorrichtung zur Ableitung elektrostatischer Aufladungen und Batterie-Trennschalter im Fahrerhaus zum

Bachert baute 1970 einen Rüstwagen RW-Öl mit Vakuumanlage für die BF Lübeck auf dem Fahrgestell Mercedes-Benz LAF 1113 B. Der Einbautank fasste 2000 Liter

Ziegler baute 1971 einen Rüstwagen RW-Öl mit Vakuumanlage für die BF Hamburg auf dem Fahrgestell Mercedes-Benz LA 1313. Der Einbautank fasste 2000 Liter

Für den Landkreis Köln baute Metz diesen Rüstwagen RW-Öl auf dem Fahrgestell Mercedes-Benz LAF 1113 B (09)

Rüstwagen RW-Öl der BF Wiesbaden auf Fahrgestell Mercedes-Benz 1222 F (Straßenantrieb) mit Aufbau von Ziegler. Hydrovac-Anlage mit 800 Litern Aufnahmekapazität. Generator 28 kVA. Baujahr 1986

Dieser RW-Saug auf Fahrgestell Magirus Deutz 126 D 15 A wurde 1968 von der Berliner Feuerwehr beschafft und nach Aussonderung 1988 von der FF Ravensburg übernommen. Die beiden Behälter (Hersteller: Hodermann) fassen je 3500 Liter

Der RW-Saug der BF Karlsruhe wurde 1995 von der Firma Assmann (Lauffen) auf Fahrgestell Mercedes-Benz 2538 (6x4) gebaut. Der Behälter fasst 7000 Liter und ist zur Aufnahme von entzündbaren sowie toxischen und ätzenden Stoffen gemäß Gefahrgut-Verordnung Straße (GGVS) zugelassen. Die Vakuumanlage hat im Saugbetrieb einen Förderstrom von maximal 1000 l/min. Feste Stoffe werden mithilfe eines Drehkolbengebläses aufgenommen

Links: Als RW-G 2 bezeichnete die FF Neu-Isenburg dieses Umweltschutzfahrzeug auf Fahrgestell MAN 17.232 mit Aufbau von Rosenbauer. Generator 15 kVA, Rotzler-Seilwinde „Treibmatic" 50 kN, Lichtmast mit zwei Flutlichtscheinwerfern je 2000 Watt. Baujahr 1992
Rechts: GW-Umweltschutz der BF Frankfurt am Main auf Fahrgestell Mercedes-Benz 1222 AF mit Aufbau von Haller (Stuttgart). In zwei je 1025 Liter fassende Tanks konnten Flüssigkeiten aufgenommen werden. Generator 20 kVA. Lichtmast mit vier Flutlichtscheinwerfern je 1000 Watt. Am Heck war eine Bindemittel-Streuvorrichtung zum Abstreuen von Ölspuren montiert. Außerdem war eine hydraulische Schwenkvorrichtung zur Aufnahme von standardisierten Müllgefäßen vorhanden. Baujahr 1990

Abschalten sämtlicher elektrischer Verbraucher.

1986 nahm die BF Wiesbaden einen RW-Öl in Dienst, den Ziegler auf dem Fahrgestell Mercedes-Benz 1222 F (kein Allrad!) gebaut hatte. Der Einbautank hat ein Volumen von 800 Litern.

Als Ersatz für die beiden RW-Öl von 1964 und 1968 erhielt die BF München 1992 zwei RW-Umweltschutz (RW-U). Ziegler baute sie auf den Fahrgestellen MAN 19.302 FA. Die Hydrovac-Anlage hat eine Aufnahmekapazität von 800 Litern.

Zu den RW-Öl müssen auch die beiden „Ölsaugwagen" (ÖSW) der Berliner Feuerwehr gezählt werden. Der erste wurde 1968 auf Fahrgestell Magirus Deutz 126 D 15 AK aufgebaut. Die beiden Tanks fassten je 3500 Liter. Im Prinzip handelte es sich um die im Kommunaldienst verwendeten Kanalsaugwagen. Dieser ÖSW wurde übrigens 1988 an die FF Ravensburg verkauft. Der Ersatz-ÖSW wurde auf MAN 17.240 FAK aufgebaut. Die beiden Tanks fassten je 3000 Liter.

Ebenfalls zu den RW-Öl muss auch der 1995 in Dienst gestellte „Rüstwagen-Saug" der BF Karlsruhe gerechnet werden. Auf dem Fahrgestell Mercedes-Benz 2528 K (6x4) ist ein Edelstahlbehälter mit einem Fassungsvermögen von 7000 Litern gelagert. Dieser Rüstwagen-Saug hatte 1964 einen Vorgänger. Er besaß einen Zweikammer-Behälter mit insgesamt 4000 Litern Inhalt.

Außer diesen RW-Öl für Aufnahme und Transport von wassergefährdenden und brennbaren Flüssigkeiten waren und sind bei den Feuerwehren Tankwagen und Tanksattelzüge im Einsatz.

Links: Einer von zwei RW-Umweltschutz der BF München auf Fahrgestell MAN 19.302 FA mit Aufbau von Ziegler. Hydrovac-Anlage mit Aufnahmebehälter, Inhalt 800 Liter. Generator 28 kVA, Lichtmast mit zwei Flutlichtscheinwerfern je 1500 Watt. Baujahr 1992
Rechts: RW-Umweltschutz der Werkfeuerwehr Merck, Werk Darmstadt, auf Fahrgestell MAN 26.342 (6x4/2) mit Aufbau von Brändle. HPC-Seilwinde 100 kN, Generator 50 kVA, Frösch-Ladebordwand, maximale Traglast 1600 kg. Der RW-U mit den technischen Merkmalen eines RW 3 besitzt eine Beladung für Gefahrguteinsätze. Baujahr 1995

RW-Umweltschutz (eigentlich GW-U, da kein Allradantrieb) der Feuerwehr Ulm auf Fahrgestell Iveco Magirus 120 E 23 mit Aufbau von Magirus. Mehrere tragbare Pumpen und zwei Auffangbehälter je 600 Liter. Stromerzeuger 15 kVA, Lichtmast mit zwei Flutlichtscheinwerfern je 1000 Watt. Baujahr 1997

RW-Umweltschutz der BF Stuttgart auf Fahrgestell Mercedes-Benz Atego 917 L (kein Allradantrieb) mit Aufbau von Magirus. Baujahr 1999

Rüstwagen Schiene (RW-Schiene)

Der erste RW-Schiene der BF Frankfurt am Main, der erste überhaupt bei einer deutschen Feuerwehr, wurde 1970 in Dienst genommen. Er war auf dem Fahrgestell Magirus Deutz 200 D 16 FA von der Frankfurter Firma Berger aufgebaut. Die Schienenfahreinrichtung hatte Schörling beigestellt. Technische Einrichtungen: Rotzler-Seilwinde, Generator 20 kVA, Ladebordwand am Heck *(03)*

Zu den interessantesten Entwicklungen auf dem Gebiet der Feuerwehrfahrzeuge gehört zweifellos der Rüstwagen „Schiene". Zweiwegefahrzeuge gab es zwar schon bei der Deutschen Bundesbahn und einigen Industriewerken mit eigenen Gleisanlagen. Diese Technik erstmals für die Feuerwehr angewandt zu haben ist ein Verdienst des innovationsfreudigen Frankfurter Branddirekors Achilles. Bis heute haben sich vier Berufsfeuerwehren zur Beschaffung von Zweiwegefahrzeugen entschieden.

Als die Stadt Frankfurt am Main 1963 mit dem Bau eines U-Straßenbahn-Netzes begann, von dessen fünf geplanten Linien eine unterirdisch verlaufen sollte, kam die Frage der Hilfeleistungen auf dem Streckennetz, insbesondere im unterirdischen Bereich, auf. Feuerwehr und Stadtwerke entschieden, zwei spezielle Rüstwagen anzuschaffen, die sowohl auf Straßen als auch auf Schienen fahren können.

Der Entwicklungs- und Bauauftrag ging an die Firmen Magirus und Berger Karosserie- und Fahrzeugbau in Frankfurt am Main. Das taktische Konzept sah vor, dass der RW-Schiene zunächst als konventionelles allradgetriebenes Straßenfahrzeug von der Feuerwache zu einem der Unfallstelle nächstgelegenen schienengleichen Ort fährt. Dort wird die Spurführungsvorrichtung hydraulisch abgesenkt, wodurch sich die Vorderachse anhebt und die Hinterräder auf die Schiene gepresst werden, die nun den Antrieb übernehmen. Die zweiachsige Spurführungsvorrichtung stammte von der Firma Schörling, Hannover, die einschlägige Erfahrungen besaß.

Die beiden RW-Schiene wurden 1970 beziehungsweise 1971 gebaut. Auf dem Frontlenker-Fahrgestell Magirus 200 D 16 FA beziehungsweise

Links: Der erste RW-Schiene der BF Bonn wurde 1975, vier Jahre nach dem zweiten Frankfurter RW-Schiene der 1. Generation, beschafft, dem er technisch entsprach. Fahrgestell: Magirus Deutz 232 D 19 FA, Aufbau von Berger, Schienenfahreinrichtung von Schörling. Rotzler-Seilwinde „Treibmatic" 80 kN Rechts: Die 2. Generation der RW-Schiene in Frankfurt am Main wurde ab 1985 eingeführt. Fahrgestell: Iveco Magirus 190-32 AH mit Aufbau von Magirus und Schienenfahreinrichtung von Schörling. Rotzler-Seilwinde „Treibmatic" 80 kN

RW-Schiene der BF Stuttgart auf Fahrgestell Unimog U 1250 L mit Aufbau der Karosseriefabrik Biberach und Schienenfahreinrichtung von Ries, Bruchsal. Zwei Rotzler-Seilwinden „Treibmatic" 80 kN. Baujahr 1984

RW-Schiene der BF Bonn der 2. Generation auf Fahrgestell MAN 19.293 mit Aufbau von Rosenbauer und Schienenfahreinrichtung von Bucher-Schörling. Er ersetzte den 1975 beschafften RW-Schiene. Rotzler-Seilwinde „Treibmatic" 50 kN mit Zug nach vorn, beziehungsweise 100 kN mit Zug nach hinten. Ladebordwand am Heck, Traglast 600 kg. Baujahr 1998

232 D 19 FA setzte Berger einen Sonderaufbau, der an die Fahrerkabine anschloss. Die Besatzung gelangte durch zwei Türen an der Kabinenrückwand auf Laufstege rechts und links vom Geräteaufbau und konnte von dort die benötigten Geräte entnehmen. Die beiden Laufstege waren mit 550 mm Breite so groß bemessen, dass Krankentragen darauf abgestellt werden konnten. Am Fahrzeugheck befand sich eine Ladebordwand zum Absetzen von schwerem Gerät. Vorn war eine Rotzler-Seilwinde angebaut. Der Generator hatte eine Leistung von 20 kVA. Zur Beladung gehörten vor allem hydraulische Rettungsgeräte.

Für gefahrloses Arbeiten im Tunnel ist eine weitgehende Abgasentgiftung des Fahrzeugmotors, vor allem des giftigen Kohlenstoffmonoxids, wichtige Voraussetzung. KHD konnte für seinen luftgekühlten Dieselmotor bereits damals, als noch niemand von Katalysatoren (selbst für Ottomotoren) sprach, durch Maßnahmen wie Filterung und katalytische Oxidation eine wirksame Abgasreinigung erreichen.

Nach Frankfurter Vorbild beschaffte die BF Bonn 1975 ebenfalls einen Rüstwagen-Schiene. Sie führt die technischen Hilfeleistungen auf dem ober- und unterirdisch verlaufenen U-Straßenbahnnetz der Stadt Bonn für die Bonner Stadtwerke als Betreiber durch. Das Fahrgestell war ein Magirus 232 D 17 FA, der Aufbau stammte, wie beim ersten Frankfurter RW-Schiene, von Berger. Fest eingebaut wurden ein 28-kVA-Generator, eine 10-kN-Seilwinde von Rotzler und eine Meiller-Ladebordwand am Heck.

Die zweite Generation von Rüstwagen-Schiene in Frankfurt begann mit der Übernahme von zwei RW-Schiene am 9. Januar 1985. Sie waren nach den Erfahrungen mit der ersten Generation wiederum auf Frontlenkerfahrgestellen von Iveco-Magirus, Typ 320 M 19 FKL beziehungsweise 190-32 AH gebaut worden. Die Aufbauten stammten diesmal von Magirus. Die neuen RW-Schiene verfügten über eine Rotzler-Seilwinde mit einer Zugkraft von 80 kN nach vorn beziehungsweise 160 kN nach hinten und einen 16-kVA-Generator.

Der erste Frankfurter RW-Schiene befindet sich heute im Deutschen

Feuerwehr-Museum in Fulda, der zweite wurde von den Stadtwerken dem Feuerwehr-Museumsverein Rhein-Main e.V. übergeben.

Die BF Stuttgart ließ 1984 bei der Karosseriefabrik Biberach einen RW-Schiene auf der Basis des Mercedes-Benz Unimog U 1250 L bauen. Damit übernahm die Feuerwehr den Hilfeleistungsdienst auf den teilweise unterirdisch verlaufenden Verkehrsnetzen der Stuttgarter Straßenbahn und der S-Bahn. Die Schienenfahreinrichtung stammt von der Firma A. Ries in Bruchsal. Es sind zwei Seilwinden Rotzler „Treibmatic" mit einer Nennzugkraft von 80 kN eingebaut.

Der BF Dresden wurde 1993 von der Dresdner Verkehrsbetriebe AG ein RW-Schiene für Hilfeleistungen auf dem ausschließlich oberirdisch angelegten Straßenbahnnetz zur Verfügung gestellt. Der RW-Schiene war auf einem Fahrgestell Mercedes-Benz Unimog vom Typ U 1600 L von der Dresdner Firma Ehrhardt aufgebaut. Die Schienenfahreinrichtung stammte von der Zweiweg Schneider GmbH & Co KG in Rosenheim. Der RW-Schiene besaß eine viertürige Doppelkabine und verfügte über eine vorn eingebaute Seilwinde von HPC, Nennzugkraft 50 kN.

Diesen RW-Schiene auf Fahrgestell Unimog U 1600 L mit Doppelkabine und Aufbau von Ehrhardt (Dresden) stellten die Dresdner Verkehrsbetriebe 1993 der BF Dresden für Einsätze im oberirdischen Straßenbahnnetz zur Verfügung. Schienenfahreinrichtung von Zweiweg Schneider GmbH (Rosenheim). HPC-Seilwinde 50 kN, Generator 12 kVA

RW-Schiene der BF Dresden auf Fahrgestell Mercedes-Benz 1124 AF mit Hinterachszusatzlenkung und Aufbau von BTG-Magirus. Er war Ersatz für den RW-Schiene auf Unimog von 1993. Schienenfahreinrichtung von Zweiweg Schneider GmbH (Rosenheim). HPC-Seilwinde 80 kN. Baujahr 1999

Rüstwagen Schiene

Berufsfeuerwehr	Baujahr	Fahrgestell	Aufbau	Schienenfahreinrichtung
Frankfurt am Main	1970	F Magirus 200 D 16 FA	Berger	Schörling
Frankfurt am Main	1971	F Magirus 232 D 19 FA	Berger	Schörling
Bonn	1973	F Magirus 232 D 17 FA	Berger	Schörling
Stuttgart	1984	MB U 1250 L	Karosseriefabrik Biberach	Ries
Frankfurt am Main	1985	IM 320 M 19 FKL	Magirus	Schörling
Frankfurt am Main	1985	IM 190-32 AH	Magirus	Schörling
Dresden	1993	MB U 1600 L	Ehrhardt	Zweiweg Schneider
Bonn	1998	MAN 19.293 FAC	Rosenbauer	Bucher-Schörling
Dresden	1998	MB 1124 AF	Brandschutztechnik Görlitz	Zweiweg Schneider

RW-TUIS der Werkfeuerwehr BASF, Werk Ludwigshafen, auf Fahrgestell MAN 19.362 mit Aufbau von Rosenbauer mit „Swing Board"-Klappen von Zikun. Rotzler-Seilwinde „Treibmatic" 50 kN, Generator 75 kVA, Lichtmast mit zwei Flutlichtstrahlern je 1500 Watt. Baujahr 1991

1998 wurde als Nachfolger ein RW-Schiene auf dem Fahrgestell Mercedes-Benz 1124 AF mit Hinterachszusatzlenkung in Dienst gestellt. Der Aufbau stammt von der Brandschutztechnik Görlitz, die Schienenfahreinrichtung von der Zweiweg Schneider GmbH & Co KG. Eingebaut ist eine HPC-Seilwinde, Nennzugkraft 80 kN.

Auch der RW-Schiene der BF Bonn bekam einen Nachfolger. 1998 wurde der neue RW-Schiene, den die österreichische Firma Rosenbauer als Generalunternehmer gebaut hatte,

Auch bei der Werkfeuerwehr der BASF im Werk Schwarzheide wurde 1994 ein RW-TUIS in Dienst gestellt. Fahrgestell: MAN 19.322, Aufbau: Zikun/Rosenbauer mit „Swing Board"-Klappen von Zikun. HPC-Seilwinde 50 kN

in Dienst gestellt. Zur Verwendung kam diesmal das MAN-Fahrgestell 19.293 FAC. Anders als bei seinem Vorgänger erreicht die Besatzung den Gerätekoffer über eine Schiebetür in der Rückwand des serienmäßigen Fahrerhauses. Bucher-Schörling in Hannover lieferte die Schienenfahreinrichtung.

Erwähnt sei noch, dass seit 1999 auch Zweiwegefahrzeuge als Hilfeleistungslöschfahrzeuge mit Aufgleiseinrichtung bei einigen Feuerwehren stationiert sind. Sie wurden von der Deutschen Bahn AG für Einsätze in Eisenbahntunneln zur Verfügung gestellt.

Rüstwagen RW-TUIS

Die Werkfeuerwehr der BASF, Werk Ludwigshafen, betreibt seit 1991 den Spezial-Rüstwagen RW-TUIS. TUIS bedeutet „Transport-Unfall-Informations- und Hilfeleistungssystem“ und wurde 1982 vom Verband der Chemischen Industrie (VCI) zur überörtlichen Hilfeleistung bei Schadstoffunfällen, die von telefonischer Beratung bis zum praktischen Einsatz vor Ort reicht, ins Leben gerufen.

Der RW-TUIS der BASF wurde von Zikun auf dem vollluftgefederten Fahrgestell MAN 19.362 aufgebaut. Als Geräteraumverschluss rechts und links sind sogenannte Swing-Lift-Board-Klappen nach System Zikun vorhanden, die im geöffneten Zustand die volle Breite der Geräteräume freigeben. Während die obere Hälfte hydraulisch nach oben schwingt, dient die untere Hälfte gleichzeitig als ebenfalls hydraulisch betätigte Ladebordwand. Der Innenausbau erfolgte unter Verwendung der Schwenk- und Drehfachlagerungen des Rosenbauer-Systems. Zur Beladung gehören unter anderem Anschluss- und Übergangsarmaturen für die gängigen in- und ausländischen Straßentankzüge und Eisenbahnkesselwagen, elektrisch und wassergetriebene Kreisel- und Turbinentauchpumpen aus Edelstahl, Schlauchpumpen, ex-geschützte Lüftungsgeräte und Chemikalienschläuche sowie die für genormte Rüstwagen obligatorischen hydraulischen Rettungsschere und Spreizer. Fest eingebaute Aggregate sind: eine Seilwinde Rotzler „Treibmatic“, Nennzugkraft 50 kN, ein Generator 75 kVA und ein Lichtmast mit zwei Flutlichtscheinwerfern je 1500 Watt.

Der Kölner Tiefbaurettungswagen

Der sogenannte Tiefbaurettungswagen der BF Köln war nach der geltenden Normeinteilung ein Rüstwagen, da er über Allradantrieb verfügte. Er wurde 1968 zum Transport von Spezialausrüstungen beschafft. Anlass war eine Reihe von Einsätzen zur Rettung und Bergung verschütteter Personen aus Baugruben, Rohrgräben und Sandsilos im Raum Köln gewesen. Die Beladung bestand unter anderem aus zwölf Rettungsrohren (Außendurchmesser 1300 mm), zehn Schnellschalungstafeln (2000 mm x 980 mm) und zwölf Kanalstreben.

Der Tiefbaurettungswagen basierte auf einem Dreiseitenkipper-Lkw von Büssing, Typ BS 14 AK, und war

1968 nahm die BF Köln einen speziellen Rüstwagen zum Einsatz bei Tiefbauunfällen unter der Bezeichnung „Tiefbaurettungswagen“ in Dienst. Als Fahrgestell diente ein Büssing BS 14 AK (Allrad). Der Tiefbaurettungswagen besaß einen Ladekran hinter dem Fahrerhaus und eine hydraulische Vorbau-Seilwinde, Nennzugkraft 50 kN (03)

mit einem Ladekran hinter dem Fahrerhaus und einer hydraulischen Vorbau-Seilwinde, Nennzugkraft 50 kN, ausgestattet. Das zulässige Gesamtgewicht betrug 15 000 kg.

Die Rüstwagen Gefahrgut (GW-G) der Bahnfeuerwehren

Die Bahnfeuerwehren der Deutschen Bundesbahn beziehungsweise der Deutschen Bahn AG besaßen nicht nur Löschfahrzeuge, sondern auch spezielle Rüstwagen Gefahrgut (GW-G).

Sie sind von Magirus auf dem Fahrgestell Iveco Magirus 120-25 AW aufgebaut und verfügen über einen 25-kVA-Generator, eine Rotzler-Seilwinde „Treibmatic", Nennzugkraft 50 kN, und einen Lichtmast. Die feuerwehrtechnische Beladung entspricht im Wesentlichen dem (damals) genormten RW 2 und wird durch Ausrüstung für Gefahrguteinsätze, wie zum Beispiel Umfüllpumpe und Auffangbehälter, ergänzt.

Die beiden ersten RW-G wurden 1989 den Bahnfeuerwehren in Freiburg und Nürnberg zugewiesen. Bis 1993 waren 25 RW-G von der Bahn abgenommen worden. Im Verlauf der Privatisierung sind die meisten Bahnfeuerwehren aufgelöst worden, sodass sowohl Löschfahrzeuge als auch Rüstwagen weiter veräußert wurden.

Die Rüstwagen der Bundeswehr

Die Bundeswehr hat für den Brandschutz ihrer Liegenschaften und zum Schutz ihres Flugbetriebs bisher ausschließlich Löschfahrzeuge beschafft. Erstmals führte die Bundeswehr 2008 ein Sonderfahrzeug für Technische Hilfeleistungen ein: das „Geräterüstfahrzeug". Es wurde von Ziegler auf dem Fahrgestell MAN TGM 18.280 4x4 BL aufgebaut. Das zulässige Gesamtgewicht beträgt 17 500 kg. Das Geräterüstfahrzeug verfügt über einen 23-kVA-Generator, eine Rotzler-Seilwinde „Treibmatic", Nennzugkraft 50 kN, sowie über einen Lichtmast am Heck.

Die Deutsche Bahn AG entwickelte einen eigenständigen Rüstwagen, der als RW-G eingeführt wurde. Es ist im Prinzip ein RW 2 (so auch im Fahrzeugschein eingetragen) mit einer Gefahrgut-Ausrüstung. Fahrgestell: Iveco Magirus 120-25 AW, Aufbau: Magirus. Rotzler-Seilwinde „Treibmatic" 50 kN, Generator 20 kVA, Lichtmast mit zwei Flutlichtscheinwerfern je 1000 Watt. Das Bild zeigt den RW-G der Bahnfeuerwehr Maschen (Niedersachsen), Baujahr 1990

Der „Multistar" von Magirus

Ein Grenzfall stellt der „Multistar" von Magirus in der Version „Hubrettungs-Rüstwagen" (HURW) von Magirus dar, den die FF Ascheberg 2005 in Dienst nahm. Der auf dem Fahrgestell MAN LE 18.280 4x2 BB (Straßenantrieb) aufgebaute „Multistar" vereint in sich die Komponenten eines Rüstwagens und eines Hubrettungsfahrzeugs mit Gruppenkabine.

Einem genormten Rüstwagen entspricht die Ausstattung mit 50-kN-Seilwinde (Rotzler „Treibmatic") und 23-kVA-Generator sowie die feuerwehrtechnische Beladung. Es fehlt lediglich der Lichtmast. Der Hubrettungssatz besteht aus vier Teleskopteilen und einem Rettungskorb (Belastung 270 kg) an der Spitze. Das Benutzungsfeld entspricht dem einer genormten Drehleiter DLK 23-12. Der Ascheberger HURW stellt somit einen vollwertigen Rüstwagen dar, mit der „Zugabe" eines Hubrettungsfahrzeugs, das jedoch keine Drehleiter ersetzen soll.

Auch die FF Flörsheim beschaffte 2007 einen HURW als Ersatz für einen RW 2. Hier kam das Fahrgestell MAN TGM 18.280 zur Verwendung. Inzwischen gibt es in Deutschland mehrere „Multistar" in der Kombination „Löschfahrzeug-Hubrettungsfahrzeug".

Die dritte Entwicklungsstufe der maschinell angetriebenen Zugeinrichtungen für Feuerwehrfahrzeuge wurde 1980 durch die Konstruktion der Spezialfirma Rotzler erreicht, die unter der Handelsbezeichnung „Treibmatic" vertrieben werden. Die Zugeinrichtung besteht aus zwei hintereinander angeordneten mehrrilligen Treibscheiben, über die das Zugseil mehrfach läuft. Die beiden Treibscheiben sind hydraulisch angetrieben. Während bei den Trommel-Seilwinden die Zugkraft von der Anzahl der Seillagen abhängt (die maximale Zugkraft wird nur bei der untersten Seillage erreicht!), steht die maximale Zugkraft bei jeder Seillänge zur Verfügung. Die Besonderheit besteht auch in dem völligen Fehlen einer Seiltrommel. Stattdessen wird das eingezogene Seil in einer ohne eigenen Antrieb drehbaren Speichertrommel abgelegt.

Um die technischen Mindestanforderungen an maschinelle Zugeinrichtungen für Feuerwehrfahrzeuge (Rüstwagen, Hilfeleistungslöschfahrzeuge, Kranwagen) festzulegen gab der FNFW im Mai 1973 das Normblatt DIN 14584 „Zugeinrichtungen mit maschinellem Antrieb" heraus. Die erste Folgeausgabe erschien im September 1985. Zurzeit ist die Ausgabe vom Dezember 2002 gültig.

Typische Hilfeleistungen der Feuerwehr bei Verkehrsunfällen (10)

Die Normung der Gerätewagen

Bisher sind vier verschiedene Gerätewagen genormt worden: der GW, der GW-Öl, die GW-Gefahrgut (zwei Typen) und die GW-Logistik (zwei Typen).

Die Gerätewagen (GW)

Gerätewagen (GW) wurden erstmals im Januar 1975 in DIN 14555 Blatt 10 genormt. GW nach dieser Norm stellen mit ihrer Truppbesatzung (1+1) die zur Ausführung einfacher technischen Hilfeleistungen erforderlichen Geräte bereit. GW besitzen keine fest eingebauten Einrichtungen wie maschinelle Zugeinrichtungen, Generator oder Lichtmast.

Die wichtigsten technischen Anforderungen waren:

- Nur Verwendung serienmäßiger Kastenwagen beziehungsweise Fahrgestelle mit handelsüblichem Kofferaufbau
- Straßenantrieb
- Schleppvorrichtung vorn und hinten
- Zulässiges Gesamtgewicht: maximal 6000 kg

Zur Beladung gehörten unter anderem Stromerzeuger 5 kVA, hydraulische Winde, Mehrzweckzug, Motorsäge, Trennschleifer und Brennschneidgerät.

Nach 15 Jahren hatte die Norm ausgedient, das Normblatt wurde vom FNFW im Mai 1990 zurückgezogen.

Gerätewagen stellten das einfachste Einsatzfahrzeug der Feuerwehren für technische Hilfeleistungen dar.

Die Gerätewagen GW-Öl (GW-Öl)

Die stete Zunahme von Einsätzen in Zusammenhang mit Mineralölunfällen veranlasste den FNFW zur Normung des Gerätewagen Öl. DIN 14555 Teil 11 „Rüstwagen und Gerätewagen – Gerätewagen Öl (GW-Öl)“ wurde im August 1978 veröffentlicht. GW-Öl nach dieser Norm stellen mit ihrer Truppbesatzung (1 + 1) Geräte für Sofortmaßnahmen bei der Bekämpfung von Mineralölunfällen sowie in begrenztem Umfang auch für die Beseitigung anderer grundwasserschädigender Stoffe bereit. GW-Öl besitzen keine fest eingebauten Einrichtungen.

Die wichtigsten technischen Anforderungen waren:

- Nur Verwendung serienmäßiger Kastenwagen beziehungsweise Fahrgestelle mit handelsüblichem Kofferaufbau
- Straßenantrieb
- Schleppvorrichtung vorn und hinten
- Zulässiges Gesamtgewicht: maximal 5500 kg

Zur Beladung gehörten unter anderem Stromerzeuger 5 kVA, Umfüllpumpe, drei Auffangbehälter je 3000 Liter Inhalt.

Die Norm konnte im Mai 1995 zurückgezogen werden, da 1990 der Gerätewagen Gefahrgut (GW-G2) und 1992 der GW G1 genormt worden waren. Beide decken ein größeres Einsatzspektrum als der vor 17 Jahren genormte GW-Öl ab.

Die Gerätewagen Gefahrgut (GW-G)

Die Normungsarbeiten für den Gerätewagen Gefahrgut (GW-G) begannen Mitte der 1980er Jahre, zogen sich aber wegen der schwierigen Materie und weil ständig neue Erkenntnisse, insbesondere was die Ausrüstung betraf, berücksichtigt werden mussten, bis in die 1990er Jahre hin. Schließlich einigte man sich im FNFW auf die Normung von drei Typen, die sich im zulässigen Gesamtgewicht und in Art und Umfang der Beladung unterscheiden. Zuerst wurde der Typ GW-G2 genormt.

Gerätewagen Gefahrgut GW-G2
DIN 14555 Teil 12,
Ausgabe Oktober 1990

Begriff: Der Gerätewagen Gefahrgut (GW-G2) ist ein Feuerwehrfahrzeug mit einer feuerwehrtechnischen Beladung. Die Besatzung besteht aus einem Trupp (1/2), mindestens aber aus einem Führer und einem Mann.

Anwendungsbereich: Der GW-G2 dient dem Umweltschutz und stellt die Geräte bereit, die zum Durchführen von Sofortmaßnahmen bei der Bekämpfung von Unfällen mit gefährlichen Stoffen sowie von Mineralöl-Unfällen erforderlich sind. Der GW-G2 wird in der Regel zusammen mit einem Löschfahrzeug (zum Beispiel LF 16, TLF 16/25) und einem Rüstwagen RW 2 eingesetzt.

Technische Anforderungen:

- Zulässiges Gesamtgewicht: maximal 9000 kg
- Straßenantrieb mit Differenzialsperre
- Anhängekupplung auf Wunsch des Bestellers

Gerätewagen Gefahrgut GW-G1
DIN 14555 Teil 13,
Ausgabe April 1992

Begriff: Der Gerätewagen Gefahrgut (GW-G1) ist ein Feuerwehrfahrzeug mit einer feuerwehrtechnischen Beladung. Die Besatzung besteht aus einem Trupp (1/2), mindestens aber aus einem Führer und einem Mann.

Anwendungsbereich: Der GW-G1 dient dem Umweltschutz und stellt die Geräte bereit, die zum Durchführen von Sofortmaßnahmen bei der Bekämpfung von Unfällen mit gefährlichen Stoffen sowie von Mineralöl-Unfällen erforderlich sind. Der GW-G1 wird in der Regel zusammen mit einem Löschfahrzeug und einem Rüstwagen eingesetzt.

Technische Anforderungen:

- Zulässiges Gesamtgewicht: maximal 7500 kg
- Straßenantrieb mit Differenzialsperre

1997 wurde die Typenreihe neu geordnet. Der GW-G2 wurde dem Normblatt 14555 Teil 13, der GW-G1 dem Normblatt Teil 14 zugeordnet. Damit ergab sich folgende Typenreihe:

Gerätewagen Gefahrgut GW-G1
DIN 14555 Teil 14,
Ausgabe Oktober 1997

Begriff: Der Gerätewagen Gefahrgut (GW-G1) ist ein Feuerwehrfahrzeug mit einer feuerwehrtechnischen Beladung. Die Besatzung besteht aus einem Führer und einem Mann.

Anwendungsbereich: Der GW-G1 dient dem Umweltschutz und stellt die Geräte bereit, die zum Durchführen von Sofortmaßnahmen bei der Bekämpfung von Unfällen mit gefährlichen Stoffen sowie von Mineralöl-Unfällen erforderlich sind. Der GW-G1 wird in der Regel mindestens zusammen mit einem wasserführenden Löschfahrzeug eingesetzt.

Technische Anforderungen:

- Zulässiges Gesamtgewicht: maximal 3500 kg
- Straßenantrieb
- Schleppvorrichtung vorn und hinten

Dieses Normblatt wurde im Januar 2004 zurückgezogen. Als Ersatz wurde der Gerätewagen Logistik GW-L1 vorgesehen, der auf Wunsch ein entsprechendes Ausrüstungsmodul „Gefahrgut“ enthält.

Gerätewagen Gefahrgut GW-G2
DIN 14555-13,
Ausgabe Oktober 1997

Begriff: Der Gerätewagen Gefahrgut (GW-G2) ist ein Feuerwehrfahrzeug mit einer feuerwehrtechnischen Beladung. Die Besatzung besteht aus einem Trupp (1/2), mindestens aber aus einem Führer und einem Mann.

Anwendungsbereich: Der GW-G2 dient dem Umweltschutz und stellt die Geräte bereit, die zum Durchführen von Sofortmaßnahmen bei der Bekämpfung von Unfällen mit gefährlichen Stoffen sowie von Mineralöl-Unfällen erforderlich sind. Der GW-G2 wird in der Regel mindestens zusammen mit einem wasserführenden Löschfahrzeug und einem Rüstwagen eingesetzt.

Technische Anforderungen:

- Zulässiges Gesamtgewicht: maximal 7500 kg
- Straßenantrieb mit Differenzialsperre
- Schleppvorrichtung vorn und hinten
- Anhängekupplung auf Wunsch des Bestellers

Gerätewagen Gefahrgut GW-G3

DIN 14555 Teil 12,
Ausgabe Oktober 1997

Begriff: Der Gerätewagen Gefahrgut (GW-G3) ist ein Feuerwehrfahrzeug mit einer feuerwehrtechnischen Beladung. Die Besatzung besteht aus einem Trupp (1/2), mindestens aber aus einem Führer und einem Mann.

Anwendungsbereich: Der GW-G3 dient dem Umweltschutz und stellt die Geräte bereit, die zum Durchführen von Sofortmaßnahmen bei der Bekämpfung von Unfällen mit gefährlichen Stoffen sowie von Mineralöl-Unfällen erforderlich sind. Der GW-G3 wird in der Regel mindestens zusammen mit einem wasserführenden Löschfahrzeug und einem Rüstwagen eingesetzt.

Technische Anforderungen:

- Zulässiges Gesamtgewicht: maximal 11 000 kg
- Straßenantrieb mit Differenzialsperre
- Lichtmast auf Wunsch des Bestellers
- Schleppvorrichtung vorn und hinten
- Anhängekupplung

2005 beschloss der FNFW die Zusammenlegung der GW-G2 und GW-G3. Mit der Ausgabe vom April 2005 ist in DIN 14555-12 nun ein Gerätewagen Gefahrgut GW-G genormt.

Gerätewagen Gefahrgut GW-G

DIN 14555 Teil 12,
Ausgabe April 2005

Begriff: Der GW-G ist ein Feuerwehrfahrzeug mit einer feuerwehrtechnischen Beladung. Die Besatzung besteht aus einem Trupp (1/2), mindestens aber aus einem Führer/einer Führerin und einem Maschinisten/einer Maschinistin.

Anwendungsbereich: Der GW dient dem Umweltschutz und stellt die Geräte bereit, die zum Durchführen von Sofortmaßnahmen bei der Bekämpfung von Unfällen mit gefährlichen Stoffen – einschließlich Mineralöle – erforderlich sind. Die Fahrzeugbesatzung dient im Allgemeinen nur zur Ausgabe und Bereitstellung der Ausrüstung. Das erforderliche Personal für den Gefahrguteinsatz muss mindestens über ein wasserführendes Löschgruppenfahrzeug herangeführt werden, das auch zur Sicherstellung des Brandschutzes dient.

Technische Anforderungen:

- Charakteristische Masse (früher: zulässiges Gesamtgewicht): 11 000 kg
- Im Regelfall Straßenantrieb mit Differenzialsperre
- Schleppvorrichtung vorn und hinten

Die Gerätewagen Logistik (GW-L)

Viele Feuerwehren hatten sich bereits Sonderfahrzeuge für den Transport verschiedener Einsatzmittel und Geräte zugelegt, die unter den Bezeichnungen „GW-Nachschub“ oder „GW-Transport“ zu ihrem Fahrzeugbestand gehören. Teilweise gab es auch einschlägige Länderbestimmungen. Der FNFW erkannte hier einen Normungsbedarf und erarbeitete die technischen Anforderungen für zwei Typen von Gerätewagen Logistik (GW-L). Die beiden Normblätter wurden im Jahr 2005 zugleich veröffentlicht.

Gerätewagen Logistik GW-L1

DIN 14555-21,
Ausgabe April 2005

Begriff: Der GW-L1 ist ein Feuerwehrfahrzeug mit einer feuerwehrtechnischen Beladung und einer Ladefläche mit Ladebordwand zur Beförderung von Ausrüstung, Löschmitteln und sonstigen Gütern kleineren Umfangs zur Versorgung von eingesetzten Einheiten (für verschiedene logistische Aufgaben) bei der Feuerwehr. Die Besatzung besteht aus einem Trupp (1/1) oder einer Staffel (1/5).

Technische Anforderungen:

- Der GW-L1 soll vorzugsweise der Kraftfahrzeug-Gewichtsklasse „Leicht“ (L) nach DIN EN 1846-1 und DIN EN 1846-2 entsprechen (entspricht dem zulässigen Gesamtgewicht 7500 kg)
- Nutzlast mindestens 2000 kg
- Straßenantrieb (vorrangig)
- Differenzialsperre empfohlen

- Anhängekupplung auf Wunsch
- Ladebordwand mit mindestens 750 kg Nutzlast
- Trupp- oder Staffelkabine
- Pritsche mit Plane/Spriegel oder Kofferaufbau

Die feuerwehrtechnische Beladung gliedert sich in eine Standardbeladung und eine Zusatzbeladung. Bei Verwendung des Ausrüstungsmoduls „Gefahrgut“ können die Aufgaben des Gerätewagen Gefahrgut GW-G1 übernommen werden.

Gerätewagen Logistik GW-L2
DIN 14555-22,
Ausgabe April 2005

Begriff: Der GW-L2 ist ein Feuerwehrfahrzeug mit einer feuerwehrtechnischen Beladung, einem Gerätekasten und einer Ladefläche mit Ladebordwand zur Beförderung von Ausrüstung, Löschmitteln und sonstigen Gütern größeren Umfangs zur Versorgung von eingesetzten Einheiten (für verschiedene logistische Aufgaben) bei der Feuerwehr und als Schlauchwagen. Die Besatzung besteht aus einer Staffel (1/5).

Technische Anforderungen:

- Der GW-L2 muss der Kraftfahrzeug-Gewichtsklasse „Mittel“ (M) nach DIN EN 1846-1 und DIN EN 1846-2 entsprechen (entspricht dem zulässigen Gesamtgewicht 7500 kg bis 14000 kg)
- Nutzlast mindestens 4000 kg
- Allradantrieb nach Kraftfahrzeug-Kategorie 2 (geländefähig) nach DIN EN 1846-2
- Differenzialsperren
- Singlebereifung
- Automatikgetriebe empfohlen
- Anhängekupplung
- Ladebordwand mit mindestens 1500 kg Nutzlast
- viertürige Serienkabine als Staffelkabine
- Gerätekoffer zwischen Kabine und Pritsche

Die feuerwehrtechnische Beladung gliedert sich in eine Standardbeladung, eine Zusatzbeladung mit dem Ausrüstungsmodul „Wasserversorgung“ (auf Wunsch) und eine Zusatzbeladung mit dem Ausrüstungsmodul „Gefahrgut“ (auf Wunsch).

GW-Logistik (GW-L) der FF Dormagen auf Fahrgestell Mercedes-Benz Atego 818 D mit Aufbau von Hensel. Baujahr 2007

GW-Logistik (GW-L1) der FF Lüdenscheid auf Fahrgestell Mercedes-Benz Atego 926 AF mit Aufbau von Hensel. Baujahr 2008

Weit verbreitet und vielseitig:
Die Gerätewagen

Gerätewagen (GW) der FF Neu-Isenburg. VW Typ 2. Am Heck ist eine Verkehrssicherungsanlage angebracht. Baujahr 1981

Gerätewagen (GW) der FF Haar auf VW-MAN 8.150 mit Aufbau von Lentner. Baujahr 1991

Gerätewagen, ob genormt oder ungenormt, gehören zur unverzichtbaren Grundausstattung der Feuerwehren. Es gibt heute eine Vielzahl von Gerätewagen-Typen für verschiedene Sonder- und Spezialaufgaben der Feuerwehr. Die wenigsten dieser Gerätewagen sind genormt. Es begann 1975 mit dem Gerätewagen (GW) nach DIN 14555 Blatt 10. Es folgte 1978 der Gerätewagen Öl (GW-Öl) nach DIN 14555 Teil 11. Beide Normblätter sind zwischenzeitlich zurückgezogen worden, da der Bedarf an GW-Öl entfallen ist beziehungsweise andere GW ihn ersetzen. Neue genormte Gerätewagen entstanden in den 1990er Jahren mit den drei Typen GW Gefahrgut und 2005 mit den beiden Typen GW Logistik.

Am Anfang standen die genormten Gerätewagen (GW)

Der 1975 genormte Gerätewagen (GW) stellte die Mindestausstattung für Hilfeleistungseinsätze kleinen Umfangs dar. Er erfüllte als eine Art „Allround"-Gerätewagen vor allem bei kleineren Ortsfeuerwehren, die allein schon aus Kostengründen nicht über Rüstwagen verfügten, die Aufgaben der

Gerätewagen mit Zusatzbeladung (GW-Z) nach niedersächsischer Weisung bei der FF Fleestedt auf Fahrgestell VW-MAN 6.90 F mit Aufbau von Schlingmann. Baujahr 1984

GW-Z der FF Dahlenburg auf Fahrgestell VW-MAN 6.90 F mit Aufbau von Schlingmann. Baujahr 1985

technischen Hilfeleistung, insbesondere bei Verkehrsunfällen. Die für den GW verwendeten Kastenwagen-Modelle der einschlägigen Hersteller waren zu erschwinglichen Beschaffungskosten erhältlich und der Innenausbau zur Lagerung der Rettungs- und Bergungsgeräte ohne größeren Aufwand zu verwirklichen. Wieviele GW aus dieser Zeit noch im Dienst stehen, ist nicht feststellbar.

Eine Variante des Gerätewagens GW entstand 1980 im Land Niedersachsen mit dem „Gerätewagen mit Zusatzbeladung“ (GW-Z), dessen Anforderungen in der Technischen Weisung Nr. 9 festgelegt wurden. Der GW-Z enthält eine Beladung für technische Hilfeleistungen, die auf Löschgruppenfahrzeugen aus Raum- und Gewichtsgründen nicht unterzubringen ist. Die GW-Z waren vornehmlich für Stützpunktfeuerwehren vorgesehen. Das zulässige Gesamtgewicht beträgt maximal 6000 kg.

Für den Umweltschutz: Die Gerätewagen Öl (GW-Öl)

Der Gerätewagen GW-Öl wurde im August 1978 genormt, doch lag die Normung hinter der praktischen Entwicklung und dem Bedarf weit zurück. Als sich in den 1960er Jahren die Fälle von ausgelaufenem Heizöl häuften, legten sich Berufs- und Freiwillige Feuerwehren Sonderfahrzeuge zur Beseitigung von Mineralölschäden zu. Diese neuartigen Fahrzeuge liefen unter verschiedenen Bezeichnungen wie „Ölalarmwagen“, „Ölwehrfahrzeug“ (Ludwigshafen) oder „Ölbeseitigungs-

GW-Öl der FF Fulda auf Opel Blitz mit Aufbau von Voll. Baujahr 1972

GW-Öl der BF Düsseldorf auf Fahrgestell Magirus Deutz 130 M 8 FL mit Aufbau und Hub-Roll-Wand (HuRoWa) von Schmitz. Baujahr 1979

GW-Öl der FF Wedel auf Fahrgestell Mercedes-Benz 914 mit Aufbau von Schmitz. Baujahr 1985

GW-Öl der FF Gütersloh auf serienmäßigem Kastenwagen Iveco Daily 35-10 mit eigenem Innenausbau. Baujahr 1991

GW-Öl der BF Wuppertal auf Fahrgestell Mercedes-Benz 1427 mit Aufbau von Heines (Gruiten). Mithilfe der Vakuum-Anlage können grundwasserschädigende und entzündbare Flüssigkeiten der Gefahrklasse A III aufgenommen und in zwei Behältern mit je 200 Litern Inhalt zwischengelagert werden. Am Heck ist eine MBB-Ladebordwand „Hubfix" montiert. Baujahr 1997

GW-Öl der BF Düsseldorf auf Fahrgestell Mercedes-Benz Atego 1023 F. Aufbau mit Folienbeklebung: Ziegler. Behrens-Ladebordwand, maximale Traglast 1000 kg. Zur Beladung gehören verschiedene tragbare Pumpen und Auffanggefäße, ein Ölbinder-Streuer und ein Stromerzeuger 10 kVA. Baujahr 2001

wagen“ (zum Beispiel Hannover). In Hessen wurden den Stützpunktfeuerwehren GW-Öl im Zuge einer Landesbeschaffung zur Verfügung gestellt. In Bayern war vom damaligen Landesamt für Feuerschutz bereits ab 1967 der Ölschaden-Anhänger (ÖSA) flächendeckend eingeführt worden. Mit der DIN 14555 Teil 11 war eine verbindliche Beschaffungsgrundlage gegeben. Eine größere Anzahl dieser GW-Öl steht noch im Dienst – nach Angaben des Deutschen Feuerwehrverbands (DFV) von 2006 mindestens 200 Stück.

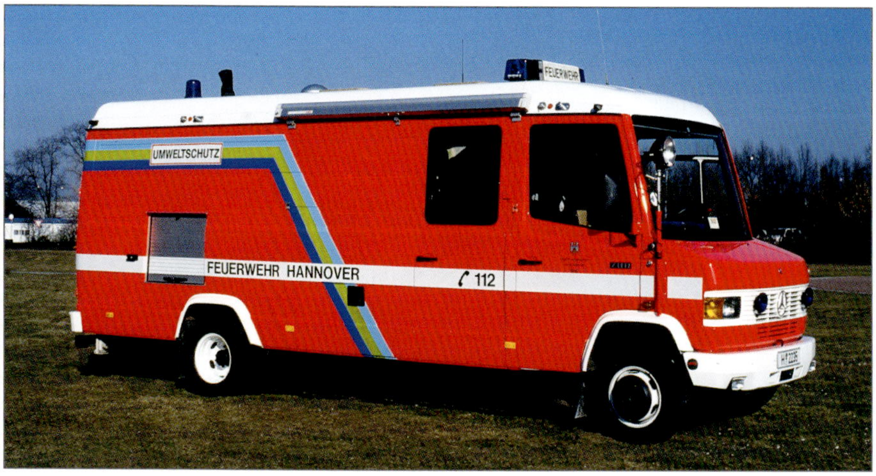

GW-Umweltschutz der BF Hannover auf serienmäßigem Kastenwagen Mercedes-Benz 711 D mit Ausbau von Stolle (Hannover). Baujahr 1992

Ablösung der GW-Öl: Die Gerätewagen Gefahrgut (GW-G)

Bereits seit den 1970er Jahren gab es in mehreren Bundesländern Sonderfahrzeuge für Gefahrguteinsätze, teils unter anderen Bezeichnungen wie zum Beispiel GW-Säure und GW-Chemie. Beispielsweise hatte die Berliner Feuerwehr 1972 einen GW-Säure in Dienst gestellt. Das erste „Chemieschutzfahrzeug“ (GW-Chemie) nach der Richtlinie von Rheinland-Pfalz erhielt 1976 die FF Groß-Umstadt. Beim Innenministerium Baden-Württemberg wurde 1978 ein „GW-Säure“ entwickelt. Den Prototyp erhielt die FF Asperg.

Bevor 1990 beziehungsweise 1997 drei Typen (Größen) von Gerätewagen Gefahrgut genormt worden waren, erließen mehrere Bundesländer eigene Richtlinien für GW-Umweltschutz, zum Beispiel Rheinland-Pfalz

GW-Umweltschutz der BF Wuppertal auf Fahrgestell Iveco EuroCargo 75 E 14 mit Kofferaufbau von Hensel (Waldbrunn). Baujahr 1998

GW-Umweltschutz der BF Bremen auf Fahrgestell Mercedes-Benz Atego 815 F mit Aufbau von Schmitz. Eingebauter Frischwasser- und Abwassertank, Inhalt je 100 Liter. Generator 8 kVA, MBB-Ladebordwand Hubfix, maximale Traglast 1000 kg. Baujahr 2002

GW-Umweltschutz der FF Wülfrath auf MAN 14.280 LLC mit GFK-Aufbau von Plastisol. MBB-Ladebordwand, maximale Traglast 2000 kg. Lichtmast mit zwei Flutlichtstrahlern je 1500 Watt. Wassertank mit 200 Liter Inhalt. Zur Beladung gehören ein Stromerzeuger 13 kVA und eine Dynawattanlage 7 kVA. Baujahr 2007

GW-Gefahrgut (GW-G) der Landesfeuerwehrschule Nordrhein-Westfalen auf Fahrgestell Iveco Magirus 110-16 mit Aufbau und Hub-Roll-Wand (HuRoWa) von Schmitz. Baujahr 1984

GW-Gefahrgut (eigentlich RW-G, da Allradantrieb) der Flughafenfeuerwehr Frankfurt-Main auf Fahrgestell Mercedes-Benz 1428 AK mit Aufbau von Bachert. Baujahr 1987

GW-Gefahrgut (GW-G) der FF Winsen/Luhe auf serienmäßigem Kastenwagen Mercedes-Benz 310 D mit Innenausbau von Schmitz. Baujahr 1993

GW-Gefahrgut (GW-G2) Typ Brandenburg der FF Wittstock/Dosse auf Fahrgestell Mercedes-Benz 1124 F mit Aufbau von Schmitz/Evers. Baujahr 1993

GW-Gefahrgut (GW-G2) der Kreisfeuerwehrzentrale Plön auf Fahrgestell Mercedes-Benz 1120 mit Aufbau von Ziegler. Baujahr 1994

GW-Gefahrgut/Umweltschutz (GW-G/U) der BF Bremerhaven auf Fahrgestell Mercedes-Benz 809 mit Aufbau von Allhusen (Bremerhaven). Baujahr 1995

GW-Gefahrgut (GW-G1) der FF Buchholz in der Nordheide auf Fahrgestell Mercedes-Benz 814 F mit Aufbau von Ziegler. Baujahr 1992

GW-Gefahrgut (GW-G2) der FF Teltow auf Fahrgestell MAN 12.232 mit Aufbau von Ziegler. Baujahr 1995

Der GW-Gefahrgut der Werkfeuerwehr Boehringer, Ingelheim, wurde nach den speziellen Anforderungen dieses Chemiewerks von Rosenbauer gebaut. Fahrgestell: Volvo FH 12 (6x2/2). Dieser GW-G ist zur Zeit der einzige auf einem Volvo-Fahrgestell. Es hat ein zulässiges Gesamtgewicht von 26000 kg, die Motorleistung beträgt 309 kW. Der GW-G verfügt über eine Vakuum-Anlage von Assmann und einen Behälter mit 1700 Litern Inhalt. Generator 63 kVA. Anschlüsse für Druckluft und für Stickstoff (zur Inertisierung). Baujahr 1998

(zulässiges Gesamtgewicht 7500 kg), Niedersachsen (zulässiges Gesamtgewicht 7500 kg), Nordrhein-Westfalen (zulässiges Gesamtgewicht 3500 kg), Bayern (zulässiges Gesamtgewicht 12000 kg), Sachsen (zulässiges Gesamtgewicht 3500 kg).

Gerätewagen Gefahrgut 1 (GW-G1)

Gemäß DIN 14555-14 sind für den GW-G1 serienmäßige Kastenwagen oder Fahrgestelle mit serienmäßigem beziehungsweise handelsüblichen Kofferaufbau vorgeschrieben. Ein Witterungsschutz (Markise) darf auf Wunsch des Bestellers vorhanden sein. Eine Dachbeladung soll möglichst vermieden werden. Üblicherweise werden die Geräteräume mit Rollläden verschlossen. Die Firma Schmitz in Wilnsdorf, die sich als erste auf den Bau von Umweltschutzfahrzeugen spezialisiert hatte, führte bei ihren GW-G1 die „Hub-Roll-Wand“ (HuRoWa) als Geräteraumverschluss ein, eine über die gesamte Aufbaulänge in der Mitte längs geteilte Klappe. Die beiden Hälften öffnen sich gleichmäßig nach oben und unten. Vorteil: der gesamte Geräteraum ist ohne störende Säulen einsehbar und zugänglich. Diese praktische Lösung war ursprünglich für Getränkeauslieferungsfahrzeuge entwickelt worden.

Zur Beladung gehören Stromerzeuger 5 kVA oder 8 kVA, Fasspumpe, Handmembranpumpe, Gefahrgut-Umfüllpumpe und verschiedene Auffangbehälter (Gesamtvolumen mindestens 440 Liter).

GW-Gefahrgut (GW-G2) der BF Göttingen auf Fahrgestell Mercedes-Benz 1424 mit Aufbau von Heines (Gruiten). Baujahr 1998

GW-Gefahrgut (GW-G1) der Flughafenfeuerwehr Düsseldorf auf Fahrgestell MAN 9.163 mit Aufbau von Heines (Gruiten). Baujahr 1999

GW-Gefahrgut kombiniert mit Atem- und Strahlenschutz (GW-GAS) der FF Geesthacht auf verlängertem Fahrgestell Mercedes-Benz Atego 1223 F mit Aufbau von Heines (Gruiten). Baujahr 2002

GW-Gefahrgut (GW-G2) der FF Langen auf Fahrgestell MAN LE 10.220 mit Aufbau von Schmitz. Baujahr 2004

Einmalig ist der GW-Gefahrgut der BF Karlsruhe auf Fahrgestell MAN TGS 26.400 6x2/2 BL mit Aufbau von Ziegler. Generator 30 kVA. Lichtmast mit zwei Flutlichtscheinwerfern je 1500 Watt und zwei Xenon-Scheinwerfern. Dautel-Ladebordwand, Traglast 1500 kg. Eine Besonderheit stellt die aus dem Dach herausklappbare elektronische Verkehrswarntafel dar. Baujahr 2009

Gerätewagen Gefahrgut 2 (GW-G2)

Auch beim genormten GW-G2 waren für den Aufbau serienmäßige Kastenwagen oder Fahrgestelle mit serienmäßigem Kofferaufbau vorgeschrieben. Zur Beladung gehören Stromerzeuger 5 kVA oder 8 kVA, Fasspumpe, Handmembranpumpe, Gefahrgut-Umfüllpumpe, Industriesauger und verschiedene Auffangbehälter (Gesamtvolumen mindestens 6500 Liter).

Gerätewagen Gefahrgut 3 (GW-G3)

Ebenso waren für den Aufbau des genormten GW-G3 serienmäßige Kastenwagen oder Fahrgestelle mit serienmäßigem Kofferaufbau vorgeschrieben. Ein Witterungsschutz sollte an mindestens drei Seiten vorhanden sein. Zur Beladung gehören Stromerzeuger 8 kVA, Fasspumpe, Handmembranpumpe, Gefahrgut-Umfüllpumpe, Industriesauger und verschiedene Auffangbehälter (Gesamtvolumen mindestens 6500 Liter).

Gerätewagen Gefahrgut (GW-G)

Für den 2005 als neuen Typ genormten GW-G, der durch Zusammenlegung des GW-G2 und GW-G3 entstanden war, dürfen verwendet werden: serienmäßiger Kastenwagen, handelsüblicher Aufbau oder Abrollbehälter. Ein Witterungsschutz muss an mindestens drei Seiten vorhanden sein. Abgesehen davon, dass für Fahrzeuge der 11-t-Klasse keine serienmäßigen Kastenwagen existieren, ist bemerkens-

Gefahrguteinsatz der Feuerwehr Hamburg: Nach dem Zusammenstoß von zwei Lkw ist Kraftstoff ausgeflossen, der in den Tank des RW-Öl und in tragbare Behälter gepumpt wird *(10)*

Gefahrguteinsatz der Feuerwehr Hamburg: Feuerwehrmänner haben Chemikalienschutzanzug und Pressluftatmer angelegt und bergen leckgeschlagene Chemikalienfässer aus einem Lkw *(10)*

Gefahrguteinsatz der Feuerwehr Hamburg: Leckgeschlagene Chemikalienfässer werden kontrolliert und geborgen *(10)*

wert, dass in der Norm Abrollbehälter als Alternative genannt sind.

Zur Beladung gehören Stromerzeuger 8 kVA, Fasspumpe, Handmembranpumpe, Gefahrgut-Umfüllpumpe, Industriesauger und verschiedene Auffangbehälter (Gesamtvolumen mindestens 4000 Liter). Die Geräte müssen in weitgehend säure-, laugen- und ölbeständigen Transportbehältern gelagert sein.

Neben den nach Norm gebauten oder mehr oder weniger an die Normen angelehnten Gerätewagen Gefahrgut gibt es eine Reihe von GW-G, die als Einzelanfertigungen aus dem üblichen Bauprogramm fallen. Dazu gehören der GW-G der WF Boehringer Ingelheim (1998) auf dreiachsigem Volvo-Fahrgestell, der GW-G der Flughafenfeuerwehr Leipzig-Halle als Sattelauflieger (2008) und der GW-G der BF Karlsruhe auf einem dreiachsigen MAN-Fahrgestell (2009).

Ein früher „Gerätewagen Nachschub“: Die BF Köln nahm 1925 diesen Lkw mit Pritsche, Plane und Spriegel für den allgemeinen Materialtransport in Dienst. Die Mannesmann-Mulag Motoren- und Lastwagen AG in Aachen hatte ihn gebaut. Der Sechszylindermotor hatte eine Leistung von 70 PS. Dieser Hersteller produzierte von 1918 bis 1928 robuste Lastkraftwagen von 2 t bis 5 t. Mannesmann-Mulag-Lkw waren bei den Feuerwehren extrem selten *(03)*

Zur Sicherung des Nachschubs: Die Gerätewagen Logistik (GW-L)

Gerätewagen Logistik wurden erstmalig im Jahr 2005 genormt, um einheitliche Anforderungen an diese speziellen Einsatzfahrzeuge, die bereits unter den Bezeichnungen „GW Nachschub“ und „GW Transport“ (in Baden-Württemberg) in größerer Anzahl bei den Feuerwehren im Dienst sind, festzulegen. Die Gerätewagen Logistik sind die jüngsten Typen in der Reihe der genormten Gerätewagen. Gemeinsames technisches Merkmal der beiden Typen GW-L1 und GW-L2 ist die Ladebordwand an der Fahrzeugrück-

GW-Nachschub der FF Geesthacht auf Fahrgestell Mercedes-Benz 814 mit Kofferaufbau von Spier Fahrzeugwerk (Steinheim). Baujahr 1994

GW-Nachschub der FF Glinde auf Fahrgestell MAN 8.163 mit Doppelkabine. Pritsche mit Plane und Spriegel von Jessen (Hamburg). MBB-Ladebordwand „Hubfix", maximale Traglast 1000 kg. Baujahr 1999

GW-Nachschub der FF Plön auf Fahrgestell MAN 8.163 mit Doppelkabine und Kofferaufbau von Makoben (Höhndorf). Ladebordwand, maximale Traglast 1000 kg. Baujahr 1999

GW-Nachschub der BF Offenbach auf Fahrgestell Mercedes-Benz Vario 612 D mit Pritsche, Plane und Spriegel. Bär-Ladebordwand. Baujahr 2000

GW-Nachschub der FF Schwarzenbek auf Fahrgestell MAN 8.163 mit Doppelkabine und Kofferaufbau von Junge (Barsbüttel). MBB-Ladebordwand „Hubfix“. Baujahr 2000

GW-Nachschub der BF Kiel auf Fahrgestell MAN 8.174 mit Pritsche, Plane und Spriegel. MBB-Ladebordwand „Hubfix“, maximale Traglast 1500 kg. Baujahr 2001

GW-Nachschub des Kreises Steinfurt auf Fahrgestell MAN LE 140 C mit Kofferaufbau von Schmitz. MBB-Ladebordwand, maximale Traglast 1000 kg. Baujahr 2003

GW-Nachschub der WF Kernkraftwerk Krümmel auf Fahrgestell Iveco Magirus 100 E 17 mit Aufbau von BTG-Magirus. Bär-Ladebordwand, maximale Traglast 1000 kg. Mit dem GW-N werden hauptsächlich Rollcontainer transportiert. Baujahr 2003

Für ihren GW-Nachschub benutzte die FF Soltau einen gebrauchten Lkw mit Kofferaufbau von Ackermann-Fruehauf (Baujahr 1996) auf MAN. Hubfix-Ladebordwand, Traglast 1000 kg. Indienststellung 2004

GW-Logistik (GW-L1) der FF Celle auf Fahrgestell Mercedes-Benz Vario 815 D mit Aufbau von Ziegler. Dautel-Ladebordwand, maximale Traglast 1000 kg. Baujahr 2005

GW-Logistik (GW-L1) der FF Bargteheide auf gebrauchtem Fahrgestell Iveco 50 C 14 (Baujahr 2005), in Dienst 2008 genommen. Sörensen-Ladebordwand, Traglast 500 kg

seite. Mit den beiden GW-L sind zwei äußerst praktische Einsatzfahrzeuge mit breiter Nutzanwendung entstanden.

Die Gerätewagen Logistik 1 (GW-L1)

Der GW-L1 gewährt mit seiner bewussten Begrenzung der Ausrüstung viel Freiraum für örtliche Belange. Seine feuerwehrtechnische Beladung gliedert sich in Standardbeladung, die vorhanden sein muss, und Zusatzbeladungen auf Wunsch des Bestellers entsprechend vorhandener Raum- und Gewichtsreserven. Wenn der GW-L1 den GW-G1, dessen Norm im Januar 2004 zurückgezogen wurde, ersetzen soll, so ist die Zusatzbeladung mit dem Ausrüstungsmodul „Gefahrgut" erforderlich. Da der GW-L1 hauptsächlich für Transportaufgaben vorgesehen ist, wurde in der Norm als Antrieb vorrangig Straßenantrieb vorgesehen.

Die Gerätewagen Logistik 2 (GW-L2)

Der GW-L2 als geländefähiger Typ kann nicht nur zum Transport von Ausrüstungen und sonstigen Materialien im Zusammenhang mit Einsätzen der Feuerwehr – insbesondere auch bei Hochwasser und Großschadenlagen/ -ereignissen und als Schlauchwagen eingesetzt werden. Dem entsprechend ist außer der Standardbeladung die Zusatzbeladung „Wasserversorgung" und die Zusatzbeladung „Gefahrgut" festgelegt. Die Standardbeladung muss ständig in dem Gerätekoffer mitgeführt werden.

GW-Logistik (GW-L1) der FF Pfungstadt auf Fahrgestell Mercedes-Benz Atego 818 mit Aufbau von Hensel. Dautel-Ladebordwand, Traglast 1000 kg. Baujahr 2008

GW-Logistik (GW-L1) der FF Reinbek auf Fahrgestell MAN TGL 12.210 4x2 BL mit mittellangem Fahrerhaus. Pritsche, Plane und Spriegel: Junge Fahrzeugbau. MBB-Ladebordwand, Traglast 1500 kg. Baujahr 2009

GW-Logistik (GW-L2) der FF Celle auf Fahrgestell Mercedes-Benz Atego 1325 AF mit Doppelkabine und Aufbau von Ziegler. Dautel-Ladebordwand, maximale Traglast 1000 kg. Baujahr 2003

Einen besonderen GW-Logistik, kombiniert mit Technischer Hilfeleistung, ließ sich die FF Langen auf Fahrgestell MAN LE 14.280 4x4 BB von Magirus BTG bauen. Der GW-Logistik/TH (eigentlich ein Rüstwagen, da Allradantrieb) verfügt über Rotzler-Seilwinde „Treibmatic" 50 kN, Generator 30 kVA, Lichtmast mit zwei Flutlichtscheinwerfern je 1000 Watt und eine Dautel-Ladebordwand, maximale Traglast 1500 kg. In dem begehbaren Aufbau sind unter anderem Schere, Spreizer und ein Plasma-Schneidgerät untergebracht. Baujahr 2006

Das optionale Ausrüstungsmodul „Wasserversorgung" umfasst unter anderem eine Tragkraftspritze TS 8/8 und 100 B-Druckschläuche, die während der Fahrt verlegt werden können. Damit sollen die Aufgaben des bisher in DIN 14565 genormten Schlauchwagen SW 2000-Tr (Truppbesatzung) übernommen werden, dessen Norm 2005 vom FNFW zurückgezogen wurde. Im Hinblick auf den Einsatz als „Ersatz"-Schlauchwagen ist in der Norm als Antrieb Allradantrieb vorgeschrieben. Das optionale Ausrüstungsmodul „Gefahrgut" umfasst unter anderem Fasspumpe, Handmembranpumpe und Stromerzeuger. Aus einer Zusatzbeladungsliste kann

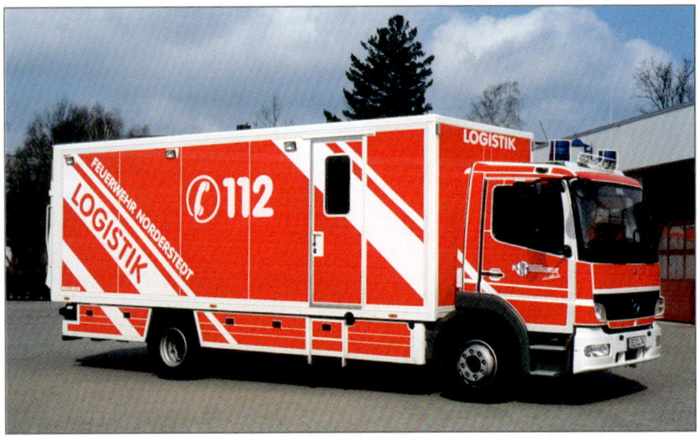

GW-Logistik (GW-L2) der FF Norderstedt, Ortswehr Harksheide, auf Fahrgestell Mercedes-Benz Atego 1325 F mit Aufbau von Magirus BTG. MBB-Ladebordwand, Traglast 1500 kg. Baujahr 2006

GW-Logistik (GW-L2) der FF Königs Wusterhausen auf Fahrgestell MAN TGM 13.280 4x4 BL mit Aufbau von Meinicke (Eisleben). MBB-Ladebordwand, maximale Traglast 1500 kg. Baujahr 2006

GW-Logistik (GW-L2) des Landkreises Harburg auf Fahrgestell MAN TGM 13.240 4x4 BL mit Aufbau von Ziegler. MBB-Ladebordwand, Traglast 1500 kg. Navigationsgerät und Rückfahrkamera. Baujahr 2007

der Anwender weitere Beladungen auswählen, zum Beispiel C-Druckschläuche, Flutlichtstrahler, Tauchpumpen und anderes mehr. Auf der Ladefläche des GW-L2 müssen mindestens acht Rollcontainer, Gitterboxen oder Euro-Paletten gelagert und transportiert werden können. Diese Transporthilfsmittel sind heute bei den Feuerwehren weit verbreitet. Im Prinzip ähnelt der GW-L2 dem vom Bund konzipierten und in großen Stückzahlen beschafften Schlauchwagen, der sich namentlich bei den Freiwilligen Feuerwehren großer Beliebtheit erfreut. Der Schlauchwagen des Bundes verfügt allerdings nur über eine Truppkabine.

Die BF Herne baute diesen ehemals beim städtischen Winterdienst eingesetzten Unimog U 1450 zu einem Gerätewagen „Energie" (eigentlich RW-Energie, da Allradantrieb) um. Er ist mit einem 30-kVA-Generator ausgestattet. Baujahr 1992

Nicht genormt, aber ebenfalls weit verbreitet: Sonstige Gerätewagen

GW-Technik der BF Hamburg auf Fahrgestell MAN 8.145 LC mit Doppelkabine und begehbarem Kofferaufbau von Empl (Klöden). Der GW-Technik dient dem Betriebsdienst als mobile Werkstatt zur Betreuung von Einsatzfahrzeugen an ihren Dienststellen, deshalb verfügt er anstelle eines Blaulichtbalkens über gelbes Warnlicht. Baujahr 2003

Neben den genormten Typen von Gerätewagen gibt es eine Vielzahl von sonstigen Gerätewagen. Allgemein gilt für alle Arten von Gerätewagen gemäß DIN 14555 Teil 1 (Fassung vom Oktober 2003) diese Definition:

Gerätewagen GW-Atemschutz der BF Stuttgart auf Fahrgestell Mercedes-Benz LF 1113 mit Aufbau von Voll. Der Aufbau war über die Hecktür begehbar. Im vorderen Teil befand sich ein Dekontaminationsraum mit getrenntem Zu- und Abgang. Das Abwasser wurde in zwei Faltbehältern zu je 500 Litern Inhalt aufgefangen. Baujahr 1968 *(08)*

Der Gerätewagen (GW) ist ein Feuerwehrfahrzeug, das zum Bereitstellen von Geräten für technische Hilfeleistungen eingesetzt wird. Die Besatzung besteht aus einem Trupp (1/2), mindestens aber aus einem Führer/einer Führerin und einem Mann/einer Frau in der Funktion als Maschinist/Maschinistin.

Beispiele für nicht genormte, jedoch weit verbreitete sonstige Gerätewagen sind: Gerätewagen Atemschutz/Strahlenschutz (GW-AS), Gerätewagen Messtechnik (GW-Mess), Gerätewagen Wasserrettung (G-W) und Gerätewagen Licht.

Zum Schutz gegen Rauch und Gase: Die Gerätewagen Atemschutz (GW-A)

GW-A dienen dem Nachschub von einsatzbereiten Atemschutzgeräten (Pressluftatmer, Langzeit-Atemschutzgeräte), Ersatzflaschen, Atemschutzmasken und Filter. Ein Atemluft-Kompressor kann vorhanden sein, um Pressluftflaschen vor Ort wieder aufzufüllen. Meist führen die GW-A auch Strahlenmessgeräte mit, in diesem Fall spricht man von

GW-Atem-/Strahlenschutz der BF Duisburg auf Fahrgestell Mercedes-Benz LP 1113 B mit Aufbau von Bachert. Baujahr 1969

Gerätewagen Atem- und Strahlenschutz (GW-AS)

Da es keine Normung für diese Fahrzeuggattung gibt, differieren die GW-A und GW-AS im Aufbau erheblich. Die Bauvarianten reichen vom serienmäßigen Kastenwagen bis zum speziellen begehbaren Kofferaufbau. Oft ist als Wetterschutz eine ausfahrbare Markise über der Einstiegtür vorhanden. Die zulässigen Gesamtgewichte von GW-AS können bis zu 12 000 kg betragen. Neben den GW-AS werden Atemschutzgeräte und Zubehör auch auf Abrollbehältern (AB-A) zur Einsatzstelle transportiert.

Nach der Statistik des DFV von 2006 gibt es 305 GW-Atemschutz.

Zur Messung von Gefahrstoffen: Die Gerätewagen Messtechnik (GW-Mess)

Gerätewagen Messtechnik dienen mit ihrer Ausrüstung dem Aufspüren und Messen von radioaktiven Stoffen und anderen Gefahrstoffen. In vielen Bundesländern wurden Richtlinien zum Bau und zur Ausrüstung erlassen und entsprechende GW-Mess beschafft. Beispielsweise ist in Nordrhein-Westfalen der Erlass des Innenministers vom 24. September 1985 für einen „Gerätewagen-Messtechnik" (GW-Mess) verbindlich. Für die GW-Mess, die schwerpunktmäßig hauptsächlich bei Freiwilligen Feuerwehren flächendeckend stationiert wurden, kamen serienmäßige Kastenwagen mit einem zulässigen Gesamtgewicht von 3500 kg zur Verwendung. Mehrere andere Bundesländer führten ebenfalls spezielle

GW-Atem-/Strahlenschutz der BF Düsseldorf auf Fahrgestell Magirus Deutz 170 D 8 FA mit Aufbau von Magirus. Baujahr 1970

GW-Atemschutz der BF Wilhelmshaven auf Fahrgestell MAN 13.168 F mit Aufbau von Schlingmann. Baujahr 1980

GW-Atemschutz der Werkfeuerwehr BASF, Werk Ludwigshafen, auf Fahrgestell Mercedes-Benz 1117 mit Aufbau von Schmitz. Baujahr 1988

GW-Atem-/Strahlenschutz der FF Rödermark auf Fahrgestell Mercedes-Benz 1124 F mit teilweise begehbarem Aufbau von Rosenbauer. Er transportiert unter anderem 38 einsatzbereite Pressluftatmer. Baujahr 1993

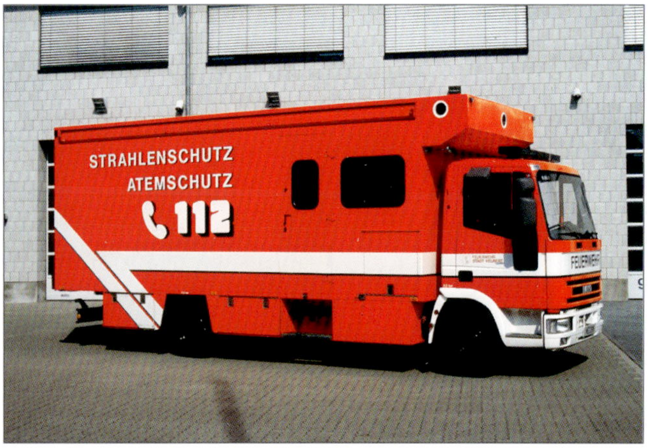

GW-Atem-/Strahlenschutz der FF Velbert auf Fahrgestell Iveco Magirus 100 E 21 mit Aufbau von GST. Baujahr 1994

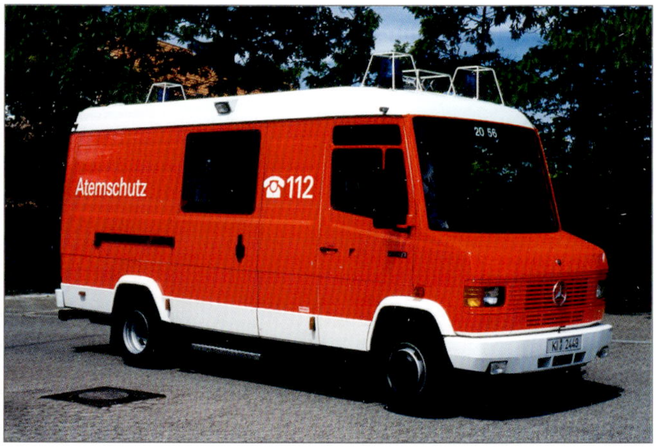

GW-Atemschutz der BF Kiel. Hier wurde ein serienmäßiger Kastenwagen Mercedes-Benz 714 D mit Ausbau von Makoben (Höhndorf) verwendet. Baujahr 1996

GW-Atemschutz der Kreisfeuerwehrzentrale des Landkreises Oldenburg in Ganderkesee auf Fahrgestell MAN 9.163 mit Aufbau von Schmitz. Baujahr 1997

GW-Atemschutz der FF Lüneburg auf Fahrgestell Mercedes-Benz Atego 1223 mit Aufbau von Heines (Gruiten). Baujahr 1999

Einer der drei GW-Atemschutz/Messtechnik der BF München. Fahrgestell: Mercedes-Benz Atego 917 L mit Aufbau von Hensel (Waldbrunn). Baujahr 2001

GW-Atemschutz der BF Duisburg auf Fahrgestell MAN LE 12.225 mit Aufbau von Schmitz. Das Bild eines Feuerwehrmannes mit Pressluftatmer auf beiden Aufbauseiten weist unmissverständlich auf den Einsatzzweck hin. MBB-Ladebordwand, maximale Traglast 1000 kg. Es werden 64 einsatzbereite Pressluftatmer und zehn Langzeitatemschutzgeräte transportiert. Baujahr 2004

Gerätewagen-Atemschutz/Strahlenschutz der FF Speyer nach Baurichtlinie Rheinland-Pfalz auf Fahrgestell MAN TGL 8.180 4x4 BL mit Aufbau von Hensel. Rechts und links sind Markisen angeordnet. Baujahr 2008

GW-Wasserrettung der BF Offenbach auf serienmäßigem Kastenwagen Mercedes-Benz 814 D (Allrad) mit Ausbau von Schmitz. An der rechten Fahrzeugseite ist eine Schutzmarkise angebracht. Baujahr 1998

GW-Wasserrettung der FF Born auf dem Darß auf Basis des Peugeot 230 D mit Innenausbau von Binz. Die Allrad-Vorderachse stellte die Firma Dangel (Sontheim) bei. Der Turbo-Dieselmotor hat eine Leistung von 79 kW. Der GW-W ist Zugfahrzeug für den Bootsanhänger. Baujahr 1998

Verstärkung der Wasserrettung erhielt die FF Born 2002 durch diesen Unimog U 1450, der seit 1996 zunächst im Braunkohle-Tagebau eingesetzt war. Er gehört zur Wassergefahrengruppe des Landeskatastrophenschutzes und ersetzt als Zugfahrzeug des Bootsanhängers den Peugeot 230 D von 1998

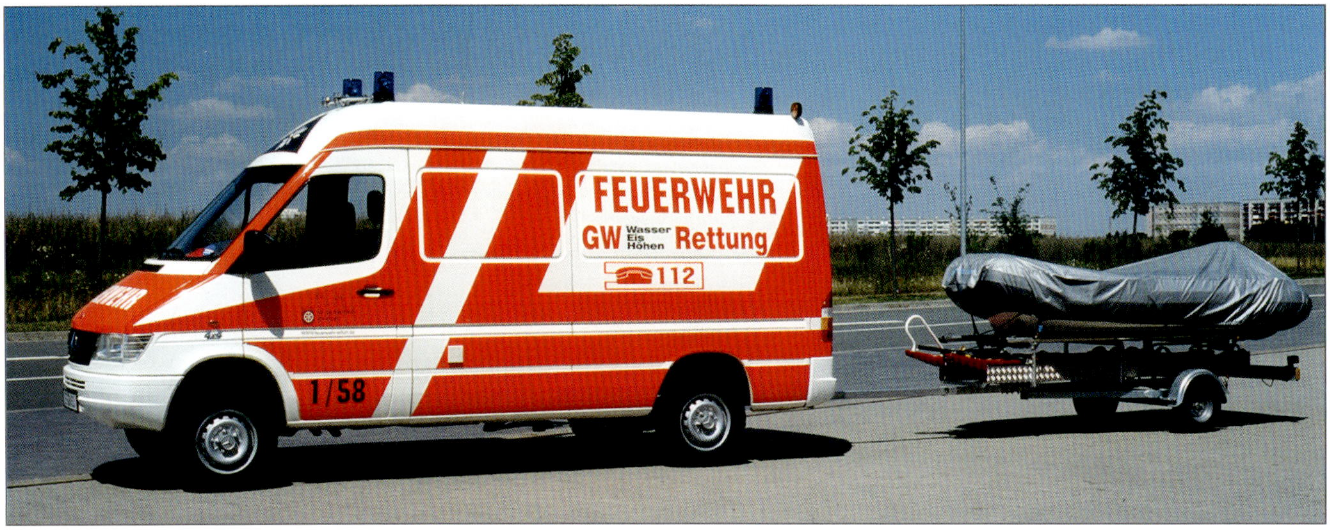

Der GW-Wasserrettung der BF Erfurt auf Fahrgestell Mercedes-Benz 312 D (Allrad) wurde mit Eigenmitteln ausgebaut. Er transportiert Ausrüstung für Wassernotfälle einschließlich Eisrettung und für Höhenrettungseinsätze. Er dient außerdem als Zugfahrzeug für einen einachsigen Schlauchboot-anhänger. Baujahr 1999

Die FF Aschaffenburg ließ ihren GW-W auf dem serienmäßigen Kastenwagen Mercedes-Benz Vario 815 D (4x4) von Hensel (Waldbrunn) ausbauen. Den Aufbau mit Folienbeklebung auf weißem Grund schmückt eine Taucher-Abbildung. Auf der rechten Seite ist eine Schutzmarkise angebracht. Baujahr 2003

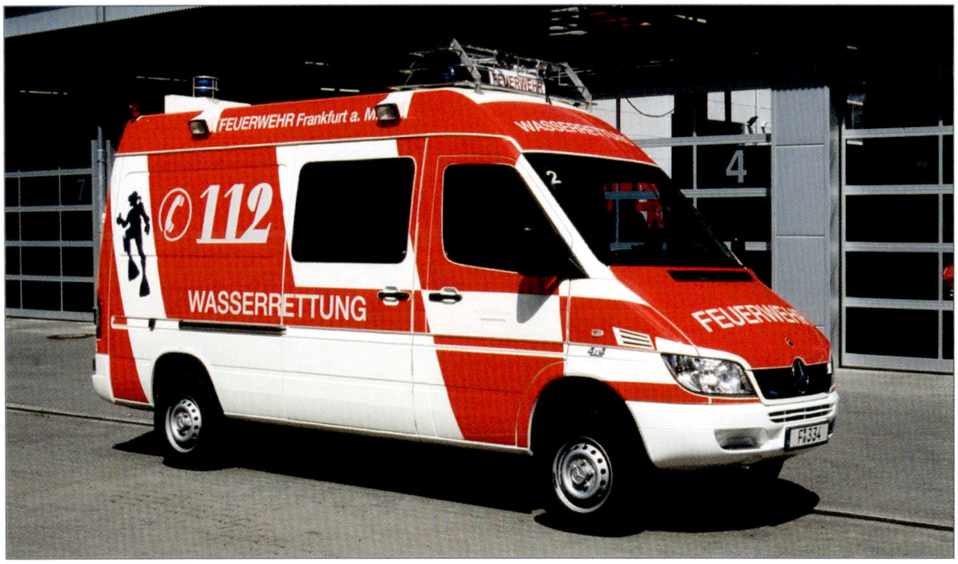

Die BF Frankfurt am Main wählte für ihren GW-Wasserrettung einen serienmäßigen Kastenwagen Mercedes-Benz Sprinter 316 CDI (4x4) mit Allradantrieb. Den Aufbau mit Folienbeklebung schmückt auf beiden Fahrzeugseiten ein stilisierter Taucher. Baujahr 2004

GW-Wasserrettung der BF Heilbronn auf serienmäßigem Kastenwagen Mercedes-Benz Vario 815 D mit langem Radstand und Allradantrieb. Der Innenausbau stammt von Hensel (Waldbrunn). Baujahr 2004

GW-Wasserrettung der FF Buchholz in der Nordheide auf Fahrgestell MAN 8.185 LLC mit Aufbau von Wille (Lüneburg). Auch hier weist ein stilisierter Taucher auf den Einsatzzweck hin. Baujahr 2004

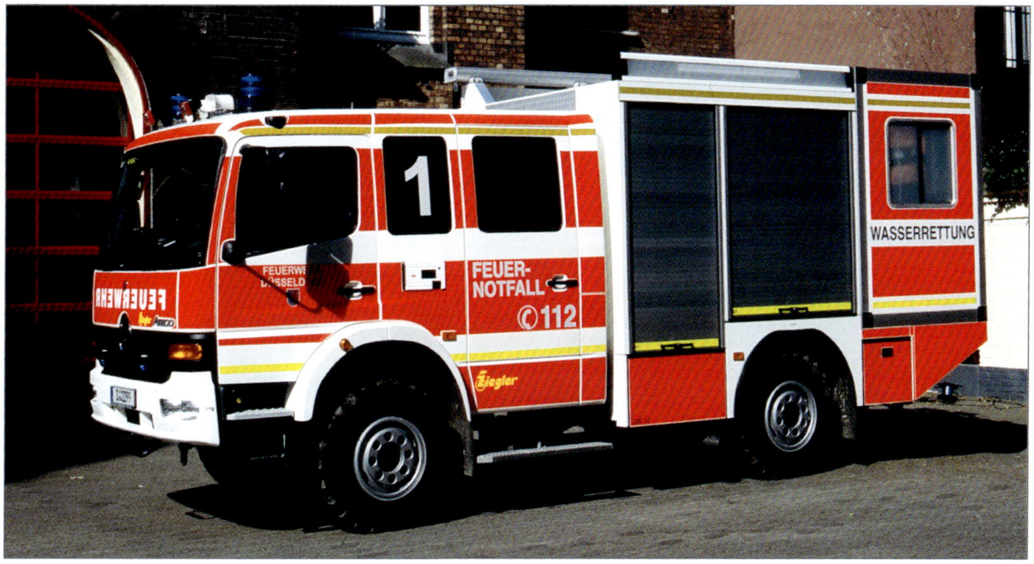

GW-Wasserrettung der BF Düsseldorf auf Fahrgestell Mercedes-Benz Atego 925 mit Aufbau von Ziegler mit Folienbeklebung. Im Mannschaftsraum sind 2 + 3 Sitzplätze vorhanden. In der Heckkabine können sich die Taucher nach dem Einsatz umziehen. Ausstattung: Lichtmast und Rückfahrkamera. Baujahr 2004

GW-Wasserrettung (eigentlich RW-W, da Allradantrieb) der Berliner Feuerwehr auf Fahrgestell MAN LE 14.280 4x4 BB mit Sonderaufbau von Rosenbauer mit Folienbeklebung. Das Bild eines Tauchers auf den mittleren Rollladen weist auf den Einsatzzweck dieses GW hin.
Baujahr 2006

GW-Wasserrettung (eigentlich RW-W, da Allradantrieb) der BF Hannover auf Fahrgestell MAN TGA 18.360 4x4 BL mit Sonderaufbau von Empl (Klöden). Im Aufbau befinden sich drei Sitzplätze. Rotzler-Seilwinde „Treibmatic" 50 kN, Generator 30 kVA, Lichtmast mit sechs Xenon-Leuchten. Hiab-Ladekran, maximale Hebekraft 4400 kg bei 2,80 m Ausladung. Zur Beladung gehört ein Schnelleinsatzboot.
Baujahr 2007, Indienststellung im Juni 2008

Einzigartig: Der Reutlinger Gerätewagen GW-Kranzubehör

Auf der Internationalen Feuerwehrausstellung Interschutz 2000 in Augsburg stellte Magirus ein völlig neu konzipiertes Löschfahrzeug namens „Octopus" vor. Der Name steht für „Optimized Chassis Technology with optional Pump pipework in unbending Skeletons", zu deutsch etwa „optimierte Fahrgestelltechnologie mit optionalem Pumpen-Leitungssystem in verwindungssteifen Rohrtragewerken". Die technischen Merkmale waren kurzgefasst: zwei Edelstahlrohren bilden die Längsträger des Fahrgestells, vier einzeln aufgehängte, hydropneumatisch gefederte Räder mit Single-Bereifung, Allradantrieb und Allradlenkung. Dieses Sonderfahrgestell fertigte die Firma Titan Spezial-Fahrzeugbau GmbH in Backnang.

Die BF Duisburg erhielt drei „Octopus" in der Version als Vorauslöschfahrzeug VLF 30/20, gab sie jedoch wegen zahlreicher Unzulänglichkeiten nach zwei Jahren wieder zurück. Lediglich der Version als Gerätewagen war Erfolg beschieden. Die Feuerwehr Reutlingen erwarb im Februar 2002 einen „Octopus" als „Gerätewagen Kran"(eigentlich ein Rüstwagen, da Allradantrieb vorhanden).

GW-Kran (eigentlich RW-Kran da Allradantrieb) der Feuerwehr Reutlingen auf der Basis des Magirus „Octopus". Sonderfahrgestell (zulässiges Gesamtgewicht 18 000 kg) mit Aufbau von Magirus in AluFire- und GFK-Technik. Die Reutlinger Stadtsilhouette und ein Feuerwehrmann schmücken beiderseits die Rollläden. HPC-Seilwinde 70 kN, Generator 30 kVA, zwei Lichtmasten. Indienststellung im Februar 2002

Die Truppkabine ist ein Serienfahrerhaus der EuroFire-Baureihe, der Aufbau ist von Magirus in AluFire- und GFK-Technik hergestellt. Die hydropneumatische Federung ermöglicht verschiedene Fahrgestellhöhen, also Bodenfreiheiten, je nach Befahrbarkeit (Straße, Gelände) zu. Der Antriebsmotor Iveco Cursor ist über der Hinterachse angeordnet und gibt seine Leistung von 259 kW über ein ZF-Automatikgetriebe an beide Achsen ab. Das zulässige Gesamtgewicht beträgt 18 000 kg. Fest eingebaut sind die HPC-Seilwinde mit einer Nennzugkraft von 70 kN, der 30-kVA-Generator und zwei Lichtmasten. Der GW-Kran ersetzt einen abgängigen RW 2 und unterstützt mit seiner Beladung den Feuerwehrkran FwK 30 von Faun, Baujahr 1989.

Der Strahlenschutzzug der BF Karlsruhe

1962 konzipierte die BF Karlsruhe den ersten deutschen Strahlenschutzzug, bestehend aus einem Strahlenmesswagen und einem Strahlenschutzgerätewagen. Für den Strahlenmesswagen wurde der bewährte VW-Bus gewählt. Er enthielt Schrankeinbauten zur Unterbringung von Strahlenmessgeräten, persönlicher Schutzausrüstung, Individualmessgeräten (Strahlenschutzplaketten, Stabdosimeter) sowie von zwei Pressluftatmern.

Der Strahlenschutzgerätewagen auf dem Fahrgestell Mercedes-Benz LF 322 wurde von der Firma Wankmiller in Heilbronn mit einem geschlossenen Kastenaufbau versehen. Er war von der Rückseite her begehbar; der kleine Aufenthaltsraum enthielt ein Waschbecken und zwei Duschanlagen mit Durchlauferhitzer. Die Ausrüstung wurde den Geräteräumen von außen entnommen und bestand aus vier schweren Schutzanzügen, 24 leichten Kombinationen, 20 Pressluftatmern, zwölf Reserveflaschen, drei Transportgefäßen zu je 200 Liter Inhalt, Bleiziegeln, Greifzangen, Absperrmaterial und einer TS 2/5. Nachdem der Strahlenschutzzug 1989 außer Dienst ging, übernahm das Deutsche Feuerwehr-Museum in Fulda den Strahlenschutzgerätewagen.

Die Gerätewagen der DDR-Feuerwehren

Die Feuerwehren in der DDR („Kommando der Feuerwehr") hatten nur zwei Typen von Gerätewagen für technische Hilfeleistungen zur Verfügung. Rüstwagen nach westdeutschem Muster fehlten völlig, ebenso Gerätewagen für Umweltschutzaufgaben. Lediglich vom Petrochemischen Kombinat Schwedt an der Oder ist als Einzelstück ein „Ölhavariefahrzeug" bekannt. Hydraulische Schneid- und Spreizgeräte waren ebenfalls nicht vorhanden. Aus allen diesen Gründen hatten die ostdeutschen Feuerwehren nach der Wiedervereinigung einen

Strahlenschutzgerätewagen (SSGW) der BF Karlsruhe. Er war Teil des Muster-Strahlenschutzzuges von 1962. Fahrgestell: Mercedes-Benz LF 322, Aufbau: Wankmiller (Heilbronn). Der SSGW wurde 1989 außer Dienst genommen und befindet sich heute im Deutschen Feuerwehr-Museum in Fulda

enormen Nachholbedarf, der inzwischen im Wesentlichen gedeckt ist.

Der Gerätewagen GW

Der Gerätewagen (GW) war ein Sonderfahrzeug, das mit einer Vielzahl von Hilfsgeräten ausgerüstet war. Er wurde an Schaden- und Brandstellen zusammen mit Lösch- und anderen Sonderfahrzeugen eingesetzt.

Die ersten Gerätewagen baute der VEB Feuerlöschgerätewerk Luckenwalde im Jahr 1960 auf dem Fahrgestell IFA S 4000-1, dessen Vierzylinder-Dieselmotor 90 PS leistete. Ursprünglich waren die Gerätewagen als Begleitfahrzeuge von Kranwagen vorgesehen, die nur wenig Raum für Geräte besaßen. Für DDR-Verhältnisse waren es recht moderne Sonderfahrzeuge: Ganzmetall-Gerätekoffer mit Rollläden (als erstes Feuerwehrfahrzeug der DDR). Fest eingebaut war ein 4-t-Spill am Heck. Der tragbare Stromerzeuger hatte eine Leistung von 3 kVA. Es bestand die Möglichkeit, an der Heckseite einen kleinen Ausleger für einen 1-t-Flaschenzug einzuhängen.

Als man 1980 zum Frontlenkerfahrgestell IFA W 50 L/W (Leistung des Vierzylinder-Dieselmotors 125 PS) mit Serienkabine überging, konnten die GW wegen mangelnder Produktionskapazitäten nicht mehr mit festen Aufbauten versehen werden. Darum montierte man aus einer Serie stammenden begehbare Werkstattkoffer (Doppeltür am Heck und Einstiegtür auf der rechten Seite), die im VEB Karosseriewerk Aschersleben gefertigt wurden.

Gerätewagen (GW) auf dem Hauben-Fahrgestell IFA S 4000-1 mit Aufbau vom VEB Feuerlöschgerätewerk Luckenwalde, mit Plaste-Rollläden *(15)*

Die Rettungsgerätewagen RTGW

Der Rettungsgerätewagen (RTGW) war ein Sonderfahrzeug, das eine umfangreiche feuerwehrtechnische Bestückung und eine Vielzahl Spezialgeräte mitführte. Es wurde an Unfall- oder Schadenstellen selbständig sowie im Atemschutz-, Rettungs- und Taucherdienst zusammen mit anderen Lösch- und Sonderfahrzeugen eingesetzt. Bei Großeinsätzen diente der RTGW auch zur medizinischen Betreuung und zur Versorgung der Einsatzkräfte mit Atemschutzgeräten.

Für den Bau von RTGW war ebenfalls der VEB Feuerlöschgerätewerk Luckenwalde zuständig. Von 1953 bis 1958 kamen Fahrgestelle mit Zweimann-Fahrerhaus vom Typ H 3 A

Gerätewagen (GW) auf dem Hauben-Fahrgestell IFA S 4000-1 mit Aufbau vom VEB Feuerlöschgerätewerk Luckenwalde. Auf dem Dach wurde ein Schlauchboot mitgeführt *(15)*

Dieser typische Gerätewagen (GW) auf dem Frontlenker-Fahrgestell IFA W 50 L vom Baujahr 1981 mit begehbarem Kofferaufbau des VEB Karosseriewerks Aschersleben war noch bis in die 1990er Jahre bei der BF Erfurt im Dienst

Gerätewagen (GW) auf Frontlenker-Fahrgestell IFA W 50 LA mit Pritsche, Plane und Spriegel vom Baujahr 1983. Er wurde 1992 bei der FF Wittstock in Dienst gestellt

Rettungsgerätewagen (RTGW) auf dem Frontlenker-Fahrgestell IFA W 50 L wurde 1979 gebaut und war noch lange Jahre nach der Wiedervereinigung bei der FF Birkenwerder im Dienst

(Leistung des Vierzylinder-Dieselmotors 80 PS) aus dem VEB Horch Automobilwerk Zwickau zur Verwendung.

Ab 1959 ging man bereits zum Fahrgestell IFA S 4000-1 über, dessen Vierzylinder-Dieselmotor 90 PS leistete. Seit 1977 stand dann auch für den RTGW das Frontlenkerfahrgestell IFA W 50 L/BTP/F und W 50 LA (Allrad) mit viertüriger Gruppenkabine (zehn Sitzplätze!) zur Verwendung. Die Aufbauten, bestehend aus Pritsche mit Plane und Spriegel, kamen vom VEB IFA Karosseriewerk Wilsdruff. Auf dem Dach der Kabine wurden Steckleiterteile sowie nach Bedarf ein Schlauchboot und ein Eisschlitten mitgeführt. Die Beladung mit Rettungs- und Bergungsgeräten war zwar vielseitig, doch fehlten hydraulische Rettungsgeräte wie auch Generator, Seilwinde und Lichtmast.

Größere Feuerwehren hatten neben Gerätewagen und Rettungsgerätewagen außerdem Gasschutzgerätewagen (GSGW), Atemschutzeinsatzwagen (AEW) und Tauchergerätewagen (TGW) im Dienst, die sämtlich auf den IIFA-Lkw-Fahrgestellen basierten.

Der Rettungsgerätewagen (RTGW) der Flughafenfeuerwehr Berlin-Schönefeld auf Fahrgestell IFA W 50 LA (Allradantrieb) verfügte sogar über einen festen Aufbau mit Rollladen. Er wurde 1974 vom VEB Feuerlöschgerätewerk Luckenwalde nach Vorgaben des Flughafens gebaut und war ein Einzelstück. Der Lichtmast mit den drei Flutlichtscheinwerfern dürfte wohl erst nach der Wende angebaut worden sein (die Aufnahme entstand 1994)

Die Gerätekraftwagen und Rüstwagen im Katastrophenschutz des Bundes

Die 1. Generation der Gerätekraftwagen (GKW) des Bergungsdienstes: Fahrgestell Borgward B 4500 A. Sechszylinder-Dieselmotor 95 PS, zulässiges Gesamtgewicht 8800 kg. Mechanische Vorbau-Seilwinde mit 4,5 t Zugkraft

Die 1. Generation der Gerätekraftwagen (GKW) des Bergungsdienstes beim THW: Fahrgestell Borgward B 4500 A. Sechszylinder-Dieselmotor 95 PS, zulässiges Gesamtgewicht 8800 kg. Mechanische Vorbau-Seilwinde mit 4,5 t Zugkraft

Die 1. Generation der Gerätekraftwagen (GKW) des Bergungsdienstes: Fahrgestell Magirus Deutz F Mercur 120 A-L. Sechszylinder-Dieselmotor 120 PS, zulässiges Gesamtgewicht 10 000 kg. Mechanische Vorbau-Seilwinde mit 4,5 t Zugkraft

Der Bund hat für die Fachdienste des Luftschutzhilfsdienstes (LSHD) von Anfang an eine eigene Fahrzeugentwicklung betrieben. Für den Bergungsdienst wurden Mannschaftskraftwagen (MKW) und Gerätekraftwagen (GKW) konzipiert. Drei MKW und ein GKW bildeten einen Bergungszug, dessen Aufgaben die Rettung und Bergung von Menschen sowie die Ausführung unaufschiebbarer Instandsetzungsarbeiten waren. Die GKW besitzen eine den Aufgaben entsprechende technische Beladung und eine eingebaute maschinelle Zugeinrichtung (Seilwinde). Die MKW unterscheiden sich von den GKW im

Wesentlichen durch andere Beladung, außerdem fehlt eine eingebaute Seilwinde.

Die Gerätekraftwagen (GKW)

1954 ließ das BMI acht GKW-Prototypen auf Fahrgestellen des Typs Magirus Deutz A 3500 mit Aufbauten der Karosseriefabrik Voll, Würzburg, bauen. Vier GKW besaßen einen von innen begehbaren Kofferaufbau, vier hingegen lediglich Pritsche mit Spriegel und Plane. Eine Seilwinde war nicht vorhanden. Diese GKW überzeugten nicht. Auch die Firma Henschel und Sohn in Kassel stellte auf ihrem Fahrgestell HS 100 AK einen Prototyp mit Aufbau von Voll vor, der nicht zum Zuge kam.

In den Jahren 1956 bis 1959 wurde ein Großauftrag über 438 GKW abgewickelt. Hierfür kamen Fahrgestelle des Typs Borgward B 4500 A, ab 1959 Borgward B 555 A, zur Verwendung. Die Aufträge für die Aufbauten wurden an vier Firmen vergeben: Fahrzeugfabrik Voll (Würzburg), Büssing & Sohn (Braunschweig), Linke-Hoffmann-Busch (Werk Salzgitter) und Karl Kässbohrer (Ulm). Die vorn eingebauten mechanischen Seilwinden (Zugkraft 4500 kg) stammten von der Firma Erwin Schäfer KG in Worms. Von diesen 438 GKW gingen 100 Fahrzeuge an das Technische Hilfswerk (THW), die übrigen 338 GKW an die Bergungszüge im gesamten Bundesgebiet.

1963 folgte eine weitere Beschaffungsserie von GKW, jetzt auf Eckhauber-Fahrgestellen des Typs Magirus Mercur 120 D 20 AL, da die

Die 2. Generation der Gerätekraftwagen (GKW 72) des Bergungsdienstes: Fahrgestell Mercedes-Benz LA 1113 B. V 6-Zylinder-Dieselmotor 124 kW, zulässiges Gesamtgewicht 11 000 kg. Hydraulische Seilwinde 50 kN Zugkraft

Die 2. Generation der Gerätekraftwagen (GKW 72) des Bergungsdienstes: Fahrgestell Magirus Deutz 170 D 11 FA. V 6-Zylinder-Dieselmotor 129 kW, zulässiges Gesamtgewicht 11 000 kg

Die 3. Generation der Gerätekraftwagen (GKW) des Bergungsdienstes (THW): Fahrgestell Iveco FF 140 E 24 W, Aufbau von Magirus. Sechszylinder-Dieselmotor 176 kW, zulässiges Gesamtgewicht 14 000 kg. Hydraulische Seilwinde HPC, Zugkraft 50 kN

Borgward-Werke 1961 in Konkurs gegangen waren. Die Firmen Linke-Hoffmann-Busch, FAKA (Bückeburg) und Wackenhut (Nagold) fertigten insgesamt 185 Aufbauten.

Im Jahre 1970 entstanden zwei Prototypen für die beabsichtigte Nachfolgegeneration. Dazu wurden zwei Mercedes-Benz Kurzhauber-Fahrgestelle LA 1113 B/42 mit den von der Bundeswehr bekannten „NATO-Koffern“ versehen, die von innen begehbar waren. Sie bewährten sich offenbar nicht.

Ab 1972 führte der Bund die völlig neu konzipierte 2. Generation von GKW ein, die er intern als GKW 72 bezeichnete. Die Kofferaufbauten waren nur noch von außen zugänglich und besaßen Rollläden als Verschlüsse der Geräteräume. Zunächst wurden einige Prototypen auf Mercedes-Benz-Fahrgestellen LA 1113 B/42 gebaut und ausgiebig erprobt. Bei der anschließenden Serienfertigung kamen diese drei Fahrgestelle zur Verwendung: Magirus Deutz Frontlenker M 170 D 11 FA (etwa 430 Fahrzeuge), Mercedes-Benz Kurzhauber LA 1113 B (etwa 650 Fahrzeuge) und Iveco Magirus Frontlenker 120-23 AW (120 Fahrzeuge).

1974 wurde die erste Serie von 63 GKW auf Mercedes-Benz-Fahrgestellen aufgelegt. Äußerlich erkennbar waren sie vor allem an der Einzel-

Die 4. Generation der Gerätekraftwagen (GKW) des Bergungsdienstes (THW): Fahrgestell MAN TGM 18.280 4x4 BB. Sechszylinder-Turbo-Dieselmotor 206 kW, zulässiges Gesamtgewicht 16 000 kg. Aufbau Magirus AluFire 2. Hydraulische Seilwinde HPC, 50 kN Zugkraft

bereifung der Hinterachse. Während die Serienfertigung schon lief, wurde noch ein weiterer Prototyp gebaut, und zwar auf MAN 13.336. 1992, zwanzig Jahre nach Einführung des GKW 72, wurden die letzten Exemplare des Bundes ausgeliefert.

Nicht weniger als 13 verschiedene Aufbauhersteller erhielten Aufträge: Blumhardt Fahrzeugbau (Wuppertal) Büssing & Sohn, Fahrzeugwerke Kannenberg (Bückeburg), Thyssen Nordseewerke (Emden), Josef Lentner (Grafing), Zeppelin Metallwerke (Friedrichshafen), Motorenwerke Bremerhaven, Odenwald-Werke Rittersbach – OWR (Elztal-Rittersbach), F. X. Kögel (Ulm), Gebr. Wackenhut (Nagold), Voll und die holländische Firma Mostard in Dieteren-Süsteren. Die GKW besaßen geräumige Staffelkabinen und hydraulische Seilwinden von Rotzler oder HPC.

Nach der deutschen Wiedervereinigung 1990 beschaffte nicht das Bundesamt für Zivilschutz, sondern das Technische Hilfswerk selbst für die fünf neuen Bundesländer eine letzte Serie von 32 GKW 72. Hierbei handelte es sich um Mercedes-Benz-Fahrgestelle des Typs 1224 AF mit Aufbauten der Maschinenbau & Motorenbau GmbH in Demmin. Die Kabinenverlängerung erfolgte bei einer Dresdner Firma.

Ab 1994 führte das THW die 3. Generation der GKW ein. Von jetzt an wurde zwischen GKW I und GKW II unterschieden. Der Prototyp des GKW I entstand auf dem Fahrgestell Iveco FF 135 E 22 W mit Aufbau von Magirus. Nach der Erprobungsphase begann 1997 die Serienfertigung auf Iveco FF 135 E 24 W. Bis 2002 wurden 174 GKW I gefertigt, deren Aufbauten von Lentner, Magirus und Ziegler stammten. Weitere 99 GKW I auf Iveco FF 140 E 24 W mit Magirus-Aufbauten kamen zwischen 2003 und 2005 hinzu. Die letzte Serie der 3. Generation der von Magirus gefertigten GKW I ging 2006 an die Einheiten.

Die GKW II sollten nach dem neuen THW-Konzept die Mannschaftskraftwagen (MKW) der Bergezüge ersetzen. Der erste Prototyp, gebaut von Magirus auf Iveco FF 135 E 22 W, ging im Jahr 1995 in die Erprobung. Die Serienausführung auf Iveco FF 135 E 24 W wurde erst 1999 ausgeliefert. Die Aufbauten der ersten 17 GKW II stammten von Lentner. Die GKW II besaßen keine Seilwinde, hingegen einen Lichtmast.

Im Jahr 2008 begann die Auslieferung der 4. Generation der GKW I. Das THW übergab zunächst 13 GKW von insgesamt 56 GKW I an Ortsverbände in Baden-Württemberg, Bayern, Hamburg, Schleswig-Holstein, Hessen, Rheinland-Pfalz und Thüringen. Die neuen GKW sind auf MAN-Fahrgestellen TGM 18.280 4x4 BB aufgebaut und besitzen AluFire-2-Aufbauten von Magirus. Mit 206 kW (280 PS) sind die GKW stärker als ihre Vorgänger motorisiert. Zur Ausstattung gehört eine HPC-Seilwinde mit 50 kN Zugkraft. Der Prototyp war Anfang 2008 dem Ortsverband Borna (Sachsen) zur Erprobung übergeben worden. Von 2009 bis 2010 wurden nochmals 54 GKW I auf MAN TGM 18.280 4x4 BB ausgeliefert. Danach sind weitere GKW I auf Fahrgestellen Mercedes-Benz Axor 1829 mit Aufbauten von Rosenbauer geplant.

Rüstwagen RW 1 des Brandschutzdienstes: Fahrgestell Magirus Deutz 130 M 7 FAL, Aufbau von Voll. Sechszylinder-Dieselmotor 96 kW, zulässiges Gesamtgewicht 7490 kg. Rotzler-Seilwinde „Treibmatic" mit 50 kN Zugkraft

Rüstwagen RW 1 des Brandschutzdienstes: Fahrgestell Mercedes-Benz Unimog U 1300 L, Aufbau von Lentner. Sechszylinder-Dieselmotor 96 kW, zulässiges Gesamtgewicht 7490 kg. Rotzler-Seilwinde „Treibmatic" mit 50 kN Zugkraft

Die Rüstwagen RW 1 des Katastrophenschutzes

Nicht nur im kommunalen Brandschutzwesen (und bei den Werkfeuerwehren) werden Rüstwagen eingesetzt, sondern auch im Katastrophenschutz des Bundes.

Mit dem „Gesetz über die Erweiterung des Katastrophenschutzes" vom 9. Juli 1968 ordnete der Bund

Rüstwagen RW 1 des Brandschutzdienstes: Fahrgestell MAN 8.136 FAE, Aufbau von Odenwald-Werke Rittersbach (OWR). Sechszylinder-Dieselmotor 100 kW, zulässiges Gesamtgewicht 7490 kg. Rotzler-Seilwinde „Treibmatic“ mit 50 kN Zugkraft

die Fachdienste des Luftschutzhilfsdienstes (LSHD) neu. So ersetzten der „Löschzug R“ (Löschen und Retten) und der „Löschzug W“ (Löschen und Wasserversorgung) den bisherigen Brandschutzdienst. Dem „Löschzug R“ wurden für die Teilaufgabe „Retten“ Rüstwagen des Typs RW 1 zugewiesen, die weitgehend der DIN 14555 Teil 2 entsprachen.

Die ersten beiden Prototypen entstanden bereits 1971/72, also zu der Zeit, in der die letzten LSHD-Einheiten gerade aufgelöst wurden. Als Fahrgestelle wählte man einen Magirus 120 D7 FA und einen Mercedes-Benz LA 911 B/36. Erst zehn Jahre später lief die Serienfertigung der neuen Rüstwagen für den erweiterten Katastrophenschutz an. Die Bestellung der RW 1 erfolgte in zehn Baulosen zwischen den Jahren 1981 und 1992.

Die erste Serie von 71 RW 1 entstand auf Fahrgestellen Magirus Deutz FM 130 M7 FAL mit Aufbauten von Odenwaldwerke Rittersbach (Elztal-Rittersbach) und der Karosseriefabrik Voll (Würzburg). Es folgten insgesamt 473 RW 1 auf Mercedes-Benz Unimog U 1300 L mit Aufbauten von Josef Lentner (Grafing), Odenwaldwerke Rittersbach und Gebr. Wackenhut (Nagold). 228 RW 1 wurden auf Fahrgestellen MAN 8.136 FAE mit Aufbauten der Odenwaldwerke Rittersbach gebaut.

Die Hilfsrüstwagen des Katastrophenschutzes

Um das Katastrophenschutzpotenzial der neuen Bundesländer nach der Wiedervereinigung aufzustocken, ließ der Bund 1990/91 in einem Sofortprogramm etwa 100 Lkw vom Typ Robur LO 2002 A aus dem Bestand der DDR-Zivilverteidigung zu Hilfsrüstwagen (HRW) umbauen. Die geländegängigen Fahrzeuge mit Pritsche und Plane stammten aus den Jahren 1978 bis 1985. Sie wurden mit hydraulischen Schneid- und Spreizgeräten (die bei den Feuerwehren der DDR bis dato unbekannt waren), Brennschneidgeräten, Motorsägen, Trennschleifern und Hebekissen bestückt. Die erforderlichen Einbauten nahm das Feuerlöschgerätewerk Luckenwalde (FGL) vor. Bereits in den Jahren 1973 bis 1977 hatte der Bund insgesamt 412 Vorauslöschfahrzeuge (VLF) des früheren Luftschutzhilfsdienstes (LSHD) zu Hilfsrüstwagen umbauen lassen. Die 412 VRW waren bis auf einen (Hanomag AL 28) auf Fahrgestellen Unimog S 404.01 aufgebaut worden.

Hilfsrüstwagen (HRW) ex Vorauslöschfahrzeug (VLF). Fahrgestell Unimog S 404.01. Sechszylinder-Benzinmotor 82 PS, zulässiges Gesamtgewicht 5000 kg

Schnelle technische Hilfe:

Vorausrüstwagen und Vorausgerätewagen

Als in den 1970er Jahren eine starke Zunahme von Verkehrsunfällen, insbesondere auf Autobahnen und Bundesstraßen, zu verzeichnen war, entstand der Plan, schnelle Vorausfahrzeuge zu entwickeln. Sie sollten mithilfe ihrer technischen Ausrüstung die Befreiung von eingeklemmten Personen ermöglichen, noch bevor Rüstwagen und andere Feuerwehrfahrzeuge, die durch den entstehenden Verkehrsstau an zügiger Fahrt behindert, zur Unfallstelle gelangen konnten. Diese Fahrzeuge, die zunächst unter Bezeichnungen wie Schnellrettungswagen und Schnellbergungswagen bekannt wurden, sollten keine genormten Rüstwagen ersetzen, sondern lediglich ergänzen.

Die Entwicklung dieser neuen Fahrzeuggattung ist eng verbunden mit der Einführung der hydraulischen Spreizer. Die FF Ulm hatte im Mai 1973, wahrscheinlich als erste Feuerwehr in Europa, einen sogenannten Rettungsspreizer in Dienst genommen. Bisher standen zur Rettung eingeklemmter Personen Brechstangen, Trennschleifer, Blechaufreißer, Metallsägen und Brennschneidgeräte zur Verfügung. Die hydraulischen Spreizer, die später durch hydraulische Schneidgeräte ergänzt wurden, eröffneten der Feuerwehr völlig neue Möglichkeiten. Die FF Biberach erhielt im August 1973 als zweite Feuerwehr ebenfalls einen hydraulischen Rettungsspreizer. Die Hydraulikpumpe der ersten Feuerwehr-Spreizer besaßen Elektroantrieb, das heißt es mussten Stromerzeuger mitgeführt werden.

Die FF Ulm verlastete den Spreizer und weitere technische Geräte anfangs auf einem Ford Transit 125, der am 26. November 1973 zugelassen wurde und am 23. Januar 1974 seinen ersten überörtlichen Einsatz hatte. 1976 folgte ein Ford Granada und 1979 ein weiterer Ford Granada. Mit der Beschaffung des ersten Ford Granada wurde erstmals auch ein Hydrauliaggregat mit Verbrennungsmotorantrieb eingeführt. Die FF Biberach verwendete zunächst einen vorhandenen VW Transporter, und die FF Heilbronn – als dritte Feuerwehr – ab März 1974 einen Ford Consul Turnier.

Links: Der erste „Schnellrettungswagen“ Deutschlands als Vorläufer der späteren Vorausgerätewagen wurde 1974 von der Feuerwehr Heilbronn in Dienst gestellt. Er war auf der Basis des Ford Consul Turnier mit Straßenantrieb konzipiert. Der V 6-Ottomotor hatte eine Leistung von 108 PS *(16)*
Rechts: Vorausgerätewagen (VGW) der FF Fulda auf einem gebraucht gekauften Geländewagen (Baujahr 1969) vom Typ Land Rover

Alle diese Fahrzeuge besaßen Straßenantrieb und waren nach heutigen Begriffen untermotorisiert. Mit den Schnellbergungswagen (SBW), die von der Björn-Steiger-Stiftung durch Spenden finanziert wurden, trat eine erhebliche Verbesserung ein: der Range Rover war mit Allradantrieb und einem V8-Benzinmotor mit einer Leistung von 132 PS ausgestattet. Fest eingebaut waren ein Lichtmast und eine Vorbau-Seilwinde. Die BF Stuttgart erhielt 1974 den Prototyp, die FF Esslingen 1975 den zweiten SBW. Es folgte 1976 die BF Heidelberg. Auch die FF Rendsburg entschied sich 1977 für den Range Rover, der erste SBW in Norddeutschland. Die FF Miltenberg hingegen erhielt 1976 als Basisfahrzeug des SBW einen Fiat Campagnola. Das Land Baden-Württemberg legte ein Förderprogramm für Schnellrettungswagen (SRW) auf, in dessen Genuss die BF Stuttgart 1976 für ihren zweiten SBW kam.

Daimler-Benz wollte – zumindest im Land ihres Firmen-Stammsitzes – nicht abseits stehen und ließ 1975 eiligst – in Ermangelung eines eigenen allradgetriebenen Basisfahrzeugs – einen Pkw MB 230/6 von Binz zum Kombi umbauen und von Ziegler einrichten. Doch nur die Feuerwehren Böblingen, Sindelfingen, Herrenberg, Friedrichshafen und Überlingen entschlossen sich unter Verzicht auf Allradantrieb für dieses Modell. Seit dieser Zeit führten sich die Begriffe „Vorausgerätewagen“ (VGW) für schnelle Vorausfahrzeuge mit Straßenantrieb und „Vorausrüstwagen“ (VRW) für solche mit Allradantrieb ein. Eine Normung wurde im zustän-

VGW der BF Hoyerswerda auf einem Kastenwagen Mercedes-Benz 308 D mit Ausbau von der Brandschutztechnik Görlitz (BTG). Baujahr 1992

VGW der FF Pulsnitz auf Fahrgestell Iveco Daily 35-10 mit Kofferaufbau von Karosserie- und Fahrzeugbau Rothenaulitz (Sachsen). Baujahr 1995

VGW der FF Wittstock auf einem Kastenwagen Peugeot 222 Expert mit Innenausbau von Schmitz. Beladung: Schere, Spreizer und Poly-Löschanlage. Baujahr 1997

Einen zunächst „Schnellbergungswagen“ genannten Vorausrüstwagen erhielt die FF Miltenberg 1976 auf der Basis des allradgetriebenen Fiat Campagnola. Der Vierzylinder-Ottomotor leistete 80 PS *(09)*

digen Fachnormenausschuss (FNFW) erwogen, aber letztlich nicht für erforderlich gehalten.

Bis Daimler-Benz endlich 1979 mit seinem dem Allrad-Geländewagen, dem G-Modell, die Lücke in seinem Programm schloss, dominierten bei den in Dienst gestellten VRW ausländische Modelle: außer dem britischen Range Rover (allein in Baden-Württemberg etwa 50 Stück!), amerikanische und japanische Geländewagen verschiedener Hersteller. Unter den Vorausgerätewagen in anderen Bundesländern sind VW-Transporter, teilweise auch in syncro-Ausführung, und Mercedes-Benz Sprinter, teilweise mit 4x4-Antrieb, anzutreffen.

Einen eigenen Weg bei den VRW beschritt der Kreisfeuerlöschverband Biberach. Er entschied sich für den amerikanischen Geländewagen Chevrolet Suburban (Motorleistung 197 PS), von dem seit 1990 sieben Stück für Stützpunktfeuerwehren beschafft wurden. Zuvor hatte bereits die FF Ulm 1978 einen Chevrolet Suburban gleicher Motorleistung in Dienst gestellt, der 1990 durch einen Chevrolet gleicher Bauart ersetzt wurde. 2006 folgte ein neuer VRW auf der Basis des Chevrolet Silverado 2500 HD. Sein V8-Benzinmotor leistet 246 kW (335 PS) und ist damit derzeit der am stärksten motorisierte VRW.

Die BF Hamburg beschaffte 2004 drei VRW auf der Basis des Volvo XC 70 D 5, von denen zwei für Einsätze im Elbtunnel vorgesehen wurden. Die Motorleistung beträgt 120 kW (163 PS). Zur Beladung gehört außer hydraulischem Schneid- und Spreizgerät ein Impuls-Löschaggregat IFEX.

In Baden-Württemberg gelang innerhalb weniger Jahre die flächendeckende Ausstattung mit VRW,

Links: VRW (zunächst als Schnellbergungswagen SBW bezeichnet) der BF Stuttgart auf Range Rover 3,5-Liter-V 8-Benzinmotor, Leistung 132 PS. Elektrische Vorbauseilwinde. Baujahr 1974 Rechts: VRW der BF Pforzheim auf Range Rover V8 mit Innenausbau von Bachert. Baujahr 1976

Links: VRW der FF Rendsburg auf Range Rover V8. Beladung: Schere, Spreizer und lightwater-Löschanlage. Baujahr 1977
Rechts: VRW der BF Frankfurt am Main auf Mercedes-Benz 300 GD mit Ausbau von Ziegler. Baujahr 1981

Links: Dieser Geländewagen auf Mercedes-Benz 300 GD lief bereits 1980 vom Band und wurde 1985 als VRW bei der FF Rödermark in Dienst gestellt   Rechts: VRW der BF Mainz auf Mercedes-Benz 300 GD mit Ausbau von Ziegler. Baujahr 1987

Links: VRW der BF Karlsruhe auf VW Typ 245 syncro Doppelkabine mit Koffer von Alu Singen und Innenausbau von GFT. Beladung: Schere, Spreizer und Poly-Löschanlage. Baujahr 1990   Rechts: VRW der Feuerwehr Ulm auf Chevrolet Suburban mit V 8-Benzinmotor, Leistung 143 kW. Baujahr 1991

Links: Der erste VRW der FF Biberach ging 1990 in Dienst: ein Chevrolet Suburban, dessen V 8-Benzinmotor 143 kW leistete
Rechts: Der zweite VRW der FF Biberach folgte 1992: ein Chevrolet Suburban mit einer fast gleichen Motorleistung von 145 kW

Links: VRW der FF Itzehoe auf dem Geländewagen Nissan Patrol. Der Vierzylinder-Dieselmotor leistete 85 kW. Baujahr 1991
Rechts: Der VRW der FF Neuruppin basierte auf dem Geländewagen Nissan Patrol (4x4). Ausbau von FGL. Elektrische Vorbauseilwinde. Der Vierzylinder-Dieselmotor leistete 85 kW. Baujahr 1992

VRW der BF Erfurt auf Mercedes-Benz 290 GD mit Ausbau von Ziegler. Elektrische Vorbau-Seilwinde. Baujahr 1993

stückzahlmäßig nur von Nordrhein-Westfalen übertroffen. In Norddeutschland sind dagegen VGW und VRW aufgrund anderer regionaler Strukturen vergleichsweise in geringer Anzahl vertreten. In letzter Zeit werden VRW zunehmend zusätzlich mit Kleinlöschanlagen, wie zum Beispiel light water-Aggregaten, ausgerüstet.

Bei keiner anderen Fahrzeuggattung der Feuerwehr sind so viele ausländische Modelle vertreten wie bei den Vorausrüstwagen: amerikanische, japanische und britische Hersteller von Geländewagen und Personenwagen mit Allradantrieb konnten sich neben Mercedes-Benz beachtliche Marktanteile sichern.

Links: Der VRW der FF Viernheim wurde 1993 auf einem bei der US-Feuerwehr in Ramstein ausgesonderten Ford F 350 Pickup, Baujahr 1983, in Dienst gestellt. Der V 8-Benzinmotor hatte eine Leistung von 210 PS und war ein großer „Spritschlucker". Den Aufbau lieferte Firma Melcher. Zur Beladung gehörten Schere, Spreizer und eine Poly-Löschanlage Rechts: VRW der FF Bad Segeberg. Mercedes-Benz 300 GE mit Innenausbau von Ziegler. Zur Beladung gehören Schere, Spreizer und eine lightwater-Löschanlage. Baujahr 1994

Links: VRW der FF Petersberg auf dem gebraucht beschafften Isuzu Trooper (Baujahr 1988), 1995 in Dienst gestellt. Der Vierzylinder-Benzinmotor hatte eine Leistung von 85 kW Rechts: VRW der BF Hildesheim auf Mitsubishi Pajero. Der Vierzylinder-Dieselmotor leistete 92 kW. Baujahr 1996

Die Werkfeuerwehren des Sportwagenherstellers Porsche haben an seinen Standorten Leipzig und Weissach 2003 beziehungsweise 2004 je einen VRW der oberen Geländewagenklasse aus dem eigenen Haus, nämlich das Modell Cayenne, in Dienst genommen. Die FF Altshausen nennt seit 2007 als erste Feuerwehr einen VRW auf dem VW Touareg ihr eigen.

Eine Statistik beim Deutschen Feuerwehrverband (DFV) über die Zahl der VGW und VRW existiert nicht. Es bleibt festzuhalten, dass die Wiege der VRW und VGW in Baden-Württemberg stand. Heute noch sind in diesem Bundesland die meisten VRW stationiert.

Der VRW der BF Chemnitz auf VW Taro 2,4 D (4x4) mit Aufbau von Ziegler ist bisher einmalig (Chemnitz beschaffte zwei). Der Taro, entstanden in Zusammenarbeit mit Toyota, ist ohnehin in Deutschland rar. Zur Beladung gehören Schere, Spreizer und eine Poly-Löschanlage. Baujahr 1996

Drei VRW auf der Basis des Volvo XC 70 D 5 AWD (4x4) beschaffte die BF Hamburg 2004. Zwei VRW sind an den beiden Elbtunnel-Feuerwachen stationiert. Die Motorleistung beträgt 120 kW, der Innenausbau stammt vom Volvo-Händler Kiso (Büdelsdorf). Zur Beladung gehören Schere, Spreizer und ein IFEX-Löschgerät

Der VRW „Florian Ulm 01-50-01" der FF Ulm ist zurzeit einsamer Spitzenreiter, was die Motorisierung betrifft. Der Chevrolet Silverado 2500 HD 4x4 besitzt nämlich einen V 8-Motor mit einem Hubraum von 8,128 Litern und einer Leistung von 246 kW. Der VRW mit Aufbau von Lohr-Magirus führt eine umfangreiche Beladung mit: unter anderem einen Generator 7 kVA, Weber-Hydraulik mit vier Schnellangriffshaspeln für Schere und Spreizer, drei Auer HiPress-Druckluftschaumlöscher (10 Liter Wasser/AFFF-Gemisch). Baujahr 2006

Literatur

- F. W. Effenberger: Der neue Gerätewagen der Hannoverschen Feuerwehr. Feuerschutz, September 1932
- W. Holsten: Der Rüstwagenzug der Dortmunder Berufsfeuerwehr. Feuerschutz, März 1933
- M. Lion: Neuer Pionierwagen mit Zweiradanhänger für die Berufsfeuerwehr München. Feuerschutz, September 1936
- K. Kuchtner: Neuer Rüstwagen für die Feuerlöschpolizei Düsseldorf. Feuerschutz, Januar 1937
- A. Linn: Der neue Rüstwagen der Feuerschutzpolizei Wuppertal. Feuerschutz, Oktober 1938
- P. Born: Der neue Metz-Rüstwagen der Berufsfeuerwehr Frankfurt am Main. Brandschutz Nr. 11/1949
- K. Wolff: Normung der Gerätewagen. Brandschutz Nr. 1/1962
- H. Farrenkopf: Die Strahlenschutz-Sonderfahrzeuge der Berufsfeuerwehr Karlsruhe. Brandschutz Nr. 9/1962
- S. Vogt: Der Ölalarmwagen der Berufsfeuerwehr Aachen. Brandschutz Nr. 6/1969
- K. Wolff: Der Atemschutzgerätewagen der Berufsfeuerwehr Stuttgart. Brandschutz/Deutsche Feuerwehr-Zeitung Nr. 7/1970
- G. Preuß: Der Tiefbau-Rettungswagen – ein neues Mehrzweckfahrzeug der Berufsfeuerwehr Köln. Brandschutz/Deutsche Feuerwehr-Zeitung Nr. 7/1970
- H. Rohr: BF Hamburg: Typ RW 1 auf Unimog-416-Fahrgestell. Brandschutz/Deutsche Feuerwehr-Zeitung Nr. 10/1973
- M. Ranft: Rüstwagen RW 3-Kran der BF Kassel. Brandschutz/Deutsche Feuerwehr-Zeitung Nr. 2/1979
- H. Henneberg: Berufsfeuerwehr Düsseldorf: Gerätewagen-Öl. Brandschutz/Deutsche Feuerwehr-Zeitung Nr. 3/1981
- U. Kortt: Feuerwehrfahrzeug für den Umweltschutz (GW-Säure). Brandschutz/Deutsche Feuerwehr-Zeitung Nr. 7/1984
- Berufsfeuerwehr Frankfurt: Zwei neue RW-Schiene. Brandschutz/Deutsche Feuerwehr-Zeitung Nr. 2/1986
- B. Dietschke, M. Jansen: Die Feuerwehr im Umweltschutz: Neue Sonderfahrzeuge bei der Berliner Feuerwehr. Brandschutz/Deutsche Feuerwehr-Zeitung, Nr. 11/1988
- D. Falke, H.-P. Plattner, R. Maier: Die Rüstwagen-Umweltschutz Typ München. Brandschutz/Deutsche Feuerwehr-Zeitung, Nr. 5/1993
- H. Ebel: Umweltschutz-Fahrzeuge. Brandschutz/Deutsche Feuerwehr-Zeitung, Nr. 6/1994
- H. Schläfer: Der Pionierwagen der Berufsfeuerwehr Plauen. Brandschutz/Deutsche Feuerwehr-Zeitung Nr. 1/1990
- S. Fiedler: Der TUIS-Rüstwagen der BASF. Brandschutz/Deutsche Feuerwehr-Zeitung Nr. 2/1992
- H. Ebel: Umweltschutz-Fahrzeuge. Brandschutz/Deutsche Feuerwehr-Zeitung Nr. 6/1994
- G. Berg: Vom Ölalarmwagen zum Gerätewagen-Öl. Brandschutz/Deutsche Feuerwehr-Zeitung Nr. 3/1998
- H.-J. Schierz: Berliner Feuerwehrfahrzeuge von 1960 bis heute. Verlag Walter Podszun, Brilon, 1998
- M. Reicherter: Gerätewagen-Kranzubehör auf Octopus-Fahrgestell. Brandschutz/Deutsche Feuerwehr-Zeitung Nr. 3/2002
- M. Gihl: Die Fahrzeuge und Löschboote der Feuerwehr Hamburg. Verlag Walter Podszun, Brilon, 2003
- T. Zawadke: Neue Normen für GW-L: Logistikfahrzeuge der Feuerwehr für den täglichen Einsatz und für den Katastrophenfall. Brandschutz/Deutsche Feuerwehr-Zeitung Nr. 2/2004
- P. Kupferschmidt: LSHD und Katastrophenschutz – ein Update. Brandschutz/Deutsche Feuerwehr-Zeitung Nr. 2/2004
- H.-J. Profeld: Neue Wassernotfahrzeuge der Berufsfeuerwehr München. Brandschutz/Deutsche Feuerwehr-Zeitung Nr. 6/2005
- M. Wessels, U. Weber: Erfolgsstory made in Baden-Württemberg: VRW. Brandschutz/Deutsche Feuerwehr-Zeitung Nr. 11/2005
- J. Fiebach, H.-J. Profeld: Neuer Rüstwagen-Generation in München. Brandschutz/Deutsche Feuerwehr-Zeitung Nr. 10/2006
- P. Kupferschmidt: Einsatzfahrzeuge im Luftschutzhilfsdienst 1953 bis 1968. Band 2. Verlag Klaus Rabe, Willich, 2008

Bildnachweis

(01) Archiv Feuerwehr Hamburg
(02) Feuerwehr München
(03) Feuerwehr Köln
(04) Archiv Magirus
(05) Archiv Metz
(06) Archiv Brunswig
(07) Feuerwehr Nürnberg
(08) Feuerwehr Stuttgart
(09) Archiv Verfasser
(10) Rudolph
(11) Archiv Bachert
(12) Profeld
(13) Berliner Feuerwehr
(14) Feuerwehr Ludwigshafen
(15) Archiv Nase
(16) Feuerwehr Heilbronn
Alle übrigen Fotos: Verfasser

Weitere Bücher unseres Verlages

Fordern Sie unser Gesamtverzeichnis an, das wir Ihnen kostenlos und unverbindlich liefern mit Büchern über Autos, Motorräder, Lastwagen, Traktoren, Feuerwehrfahrzeuge, Baumaschinen und Lokomotiven:

Verlag Podszun Motorbücher GmbH
Elisabethstraße 23–25, 59929 Brilon
Telefon 02961-53213, Fax 02961-9639900
Email info@podszun-verlag.de
www.podszun-verlag.de

Die besten Fotografien aus Wolfgang Weinbachs riesiger Sammlung zeigen mehr als 100 Jahre Gottwald-Geschichte.

160 Seiten, 580 Abbildungen
28 x 21 cm, fester Einband
978-3-86133-474-3 EUR 29,90

Gottwald-Historie, Dampfwinden, Rammen, stationäre und nichtstationäre Krane, Bagger, Eisenbahn-, Fahrzeug- und Gittermastkrane.

357 Seiten, 1415 Abbildungen
28 x 21 cm, fester Einband
978-3-86133-421-7 EUR 49,90

Band 2: Hydrogeräte, Teleskopkrane, Sondergeräte, Spezialfahrzeuge, Gelände- und Feuerwehrkrane.

357 Seiten, 940 Abbildungen
28 x 21 cm, fester Einband
978-3-86133-422-4 EUR 49,90

Umfassende Darstellung der Abschleppwagen in Deutschland. Die Abbildungen zeigen die Fahrzeuge von allen Seiten.

288 Seiten, 600 Abbildungen
28 x 21 cm, fester Einband
978-3-86133-537-5 EUR 39,90

Michael Müller berichtet in Wort und Bild von fast unglaublichen Einsätzen der vierachsigen TGA mit 660 PS.

144 Seiten, 370 Abbildungen
28 x 21 cm, fester Einband
978-3-86133-472-9 EUR 24,90

Gittermast-Autokrane, Teleskop-Autokrane und Raupenkrane dieses populären deutschen Herstellers in spektakulären Einsätzen.

160 Seiten, 420 Abbildungen
28 x 21 cm, fester Einband
978-3-86133-495-8 EUR 29,90

M. Schauer präsentiert die Teleskop- und Gittermastkrane von Terex-Demag mit ihren enormen Hubleistungen und Höhen.

144 Seiten, 410 Abbildungen
28 x 21 cm, fester Einband
978-3-86133-513-9 EUR 24,90

Hier geht es zur Sache mit Kranhaken, Mehrschalengreifern, Abrissbirnen, Schrottscheren und Baggern, Raupen, Radladern ...

180 Seiten, 520 Abbildungen
28 x 21 cm, fester Einband
978-3-86133-492-7 EUR 29,90

Die Geschichte des Unternehmens Rosenkranz, mit den Fahrzeugen und ihren Führern bei spannenden Einsätzen.

170 Seiten, 450 Abbildungen
28 x 21 cm, fester Einband
978-3-86133-534-4 EUR 29,90

Die Chronik dieses 75jährigen Unternehmens, dass in den 50er Jahren zusammen mit Kässbohrer den ersten Autokran baute.

150 Seiten, 500 Abbildungen
28 x 21 cm, fester Einband
978-3-86133-493-4 EUR 29,90

Besondere Einsätze und technische Highlights aus der Geschichte der Einzelfirmen sowie den zehn gemeinsamen Jahren.

160 Seiten, 500 Abbildungen
28 x 21 cm, fester Einband
978-3-86133-480-4 EUR 29,90

Die besten Bilder von den spannendsten Transporten aus dem Archiv von Thorge Clever werden gezeigt und beschrieben.

128 Seiten, 380 Abbildungen
28 x 21 cm, fester Einband
978-3-86133-476-7 EUR 24,90

Aus seinem Archiv mit 35 000 Bildern aus 25 Jahren stellt Thorge Clever in einem 2. Band die spannendsten Transporte vor.

144 Seiten, 390 Abbildungen
28 x 21 cm, fester Einband
978-3-86133-539-9 EUR 24,90

45 Jahre deutsche Feuerwehrgeschichte. Nachschlagewerk und ein exzellenter Bildband für jeden Feuerwehrliebhaber.

144 Seiten, 410 Abbildungen
28 x 21 cm, fester Einband
978-3-86133-360-9 EUR 19,90

Die Geschichte und die interessantesten Fahrzeuge der insgesamt 20 Berufs- und hauptamtlichen Freiwilligen Feuerwehren.

128 Seiten, viele Abbildungen
28 x 21 cm, fester Einband
978-3-86133-440-8 EUR 19,90

100 Jahre Hamburger Feuerwehrgeschichte mit technischen Daten, Tabellen und einer Vielzahl bisher unbekannter Bilder.

184 Seiten, 420 Abbildungen
28 x 21 cm, fester Einband
978-3-86133-331-9 EUR 29,90

Alle Fahrzeugtypen der Berliner Feuerwehr ab 1960. Der Berliner Löschzug ebenso wie die Sonderfahrzeuge.

160 Seiten, 370 Abbildungen
28 x 21 cm, fester Einband
978-3-86133-192-6 EUR 24,90

Sachkundige Dokumentation der amerikanischen Feuerwehrfahrzeuge mit faszinierenden Abbildungen.

208 Seiten, 380 Abbildungen
28 x 21 cm, fester Einband
978-3-86133-248-0 EUR 34,90

Die Geschichte der Scania-Feuerwehrfahrzeuge bis in die Gegenwart mit allen technischen Daten und vielen Fotos.

128 Seiten, 150 Abbildungen
28 x 21 cm, fester Einband
978-3-86133-181-0 EUR 24,90

Abbildungen, Dokumente und Prospekte der legendären Feuerwehrmarke. Eine Fundgrube für alle Magirus-Fans.

208 Seiten, 410 Abbildungen
28 x 21 cm, fester Einband
978-3-86133-241-1 EUR 34,90

Erstmals die komplette Geschichte dieses großen deutschen Feuerwehrherstellers mit allen technischen Daten.

192 Seiten, 525 Abbildungen
28 x 21 cm, fester Einband
978-3-86133-378-4 EUR 29,90

Rund 150 Sonderlöschfahrzeuge werden hier ausführlich dargestellt mit technischen Daten und Maßstabzeichnungen.

342 Seiten, 805 Abbildungen
28 x 21 cm, fester Einband
978-3-86133-216-9 EUR 44,90

Der Autor war mit Akribie den Volkswagen bei der Feuerwehr auf der Spur und legt eine umfassende Chronologie vor.

182 Seiten, 500 Abbildungen
28 x 21 cm, fester Einband
978-3-86133-416-3 EUR 29,90

Drehleiterfahrzeuge deutscher Feuerwehren im 20. Jahrhundert mit einer Menge faszinierender Abbildungen.

208 Seiten, 340 Abbildungen
28 x 21 cm, fester Einband
978-3-86133-240-4 EUR 34,90

Die Geschichte der deutschen Drehleitern in den wichtigsten Ländern der Erde. Viele interessante Leiterfahrzeuge.

223 Seiten, 382 Abbildungen
28 x 21 cm, fester Einband
978-3-86133-175-9 EUR 34,90

Lösch- und Sonderfahrzeuge, Kranwagen, Geräte- und Rüstwagen und alle anderen Fahrzeugtypen auf Flughäfen.

184 Seiten, 510 Abbildungen
28 x 21 cm, fester Einband
978-3-86133-298-5 EUR 34,90

Von der ersten selbstfahrenden Dampfspritze bis zu den modernsten Feuerwehrfahrzeugen von heute.

248 Seiten, 1410 Abbildungen
28 x 21 cm, fester Einband
978-3-86133-389-0 EUR 39,90

Die Geschichte des Branchen-Spezialisten Gerken, mit ihrer Technik und deren Entwicklung seit den fünfziger Jahren.

128 Seiten, 280 Abbildungen
28 x 21 cm, fester Einband
978-3-86133-536-8 EUR 19,90